Elke Söllner

Die besorgte Katze

Elke Söllner

# Die besorgte Katze

## Was Ihre Katze Ihnen sagen will

Mit Illustrationen von Julia Scharinger-Schöttel

GOLDEGG VERLAG

Der Goldegg Verlag achtet bei seinen Büchern und Magazinen auf nachhaltiges Produzieren. Goldegg Bücher sind umweltfreundlich produziert und orientieren sich in Materialien, Herstellungsorten, Arbeitsbedingungen und Produktionsformen an den Bedürfnissen von Gesellschaft und Umwelt.

ISBN Print: 978-3-99060-016-0
ISBN E-Book: 978-3-99060-017-7

© 2017 Goldegg Verlag GmbH
Friedrichstraße 191 • D-10117 Berlin
Telefon: +49 800 505 43 76-0

Goldegg Verlag GmbH, Österreich
Mommsengasse 4/2 • A-1040 Wien
Telefon: +43 1 505 43 76-0

E-Mail: office@goldegg-verlag.com
www.goldegg-verlag.com

Layout, Satz und Herstellung: Goldegg Verlag GmbH, Wien
Druck und Bindung: EuroPb, CZ

*Herzlichst bedanke ich mich bei meinen Freundinnen Renate, Julia und Evelyn für ihre unermüdliche Unterstützung.*

# Inhaltsverzeichnis

# Vorwort oder: die besorgte Katze

Als neugierige Gewohnheitstiere schätzen Katzen Veränderungen wenig. Bereits neue Arbeitszeiten, Familienzuwachs oder Urlaube können in unseren Samtpfoten Besorgnis wachrufen. Heftigere Reaktionen sind etwa bei kätzischen Eindringlingen in das Revier zu erwarten, wie es sich auch bei Zusammenführungen von einander fremden Katzen widerspiegeln kann. Verhalten ist ein äußerst komplexes Geschehen, daher gibt es den ersehnten einen Tipp zur Behebung aller »Probleme« nicht. Katzen sind vielschichtige Seelenwesen mit großen individuellen Unterschieden. Entsprechend weit kann sich der Bogen der Besorgnis spannen und reicht von der irritierten Katze über die gestresste oder angst- und panikerfüllte Mieze bis hin zu der depressiven in sich zurückgezogenen Samtpfote. Mit anderen Worten sind unsere Katzen zu den gleichen Emotionen befähigt wie wir Menschen. Körper, Geist und Seele bilden auch bei unseren Samtpfoten eine Einheit. Als Folge kann sich das sensitive Seelenwesen Katze zur Selbstberuhigung übermäßig putzen, an allen Ecken und Enden die Wohnung mit Harn markieren und/oder unter psychosomatischen Erkrankungen leiden.

Als Säugetiere sind Katzen soziale Geschöpfe, wenn auch nicht immer gesellig. Dennoch wird das Seelenwesen Katze in ihrer Bindung an uns Menschen oft unterschätzt. Ihre verbale Kommunikationsfreudigkeit mit uns ist nur ein Bereich, der deutlich macht, wie sehr sie sich auf ihre Menschen einstellen. Bei einer innigen Bindung vermögen unsere sensiblen Samtpfoten mit uns in Resonanz zu treten und unsere Gefühlswelt widerzuspiegeln. Daher liegen manche Ursachen ihrer offenkundig werdenden »Probleme« in Wahrheit bei uns oder im sozialen Umfeld. In jedem Fall lehren uns Katzen genauer hinzusehen und hinzuspüren.

# Mythos Katze

Die Beziehung zwischen Katzen und Menschen ist sehr alt, von großen Höhen und Tiefen gekennzeichnet. In der Geschichte wurden sie gleicherweise als Heilige verehrt wie als Mitstreiterinnen der Hexen verfolgt und getötet.

Katzen waren mit zahlreichen Vorurteilen behaftet, insbesondere im frühen Mittelalter. Zu Zeiten der Hexenverfolgung gerieten Katzen ins Kreuzfeuer und wurden unter anderem mit schwarzer Magie in Verbindung gebracht. Ebenso spielte die Inquisition der Katholischen Kirche unseren Stubentigern übel mit. Papst Innozenz VIII. erklärte insbesondere schwarze Katzen zu Geschöpfen und Gestalten Satans. Vermutlich verängstigte das natürliche Verhalten der Katzen die Menschen und Angst ist bekanntlich seit jeher ein schlechter Berater.

Die Domestikationsforschung geht heute davon aus, dass die Hauskatze von der Wildkatze (Felis silvestris) abstammt. Der Urahn der domestizierten Hauskatze ist die als Falbkatze bezeichnete afrikanische Wildkatze (Felis silvestris libyca). Da diese Unterart am wenigsten aggressiv ist, eignete sie sich am besten für das Zusammenleben mit dem Menschen.

Die Vorfahren unsere Samtpfoten dürften sich vor etwa 10.000 bis 15.000 Jahren dem Menschen angeschlossen haben. Um den Ahnen unserer Hauskatze nachzuspüren, bietet Ägypten ein interessantes Forschungsgebiet. Aus der Zeit des alten Reichs Ägypten finden wir zwar nur Darstellungen von wilden Katzen, zur Spätzeit hingegen galten sie als heilig. Ursprünglich wurden sie deshalb gehalten, um die Getreidespeicher von Mäusen und anderen kleineren Nagern zu befreien. Getreide war zu jener Zeit in Ägypten sehr wertvoll und dementsprechend waren Katzen hoch angesehen. Immerhin verdankte die Dynastie den Raubtieren ihren Wohlstand. Wie wir wissen, erlegen Katzen selbst dann Beute, wenn sie nicht hungrig sind.

Manchmal hat es den Anschein, als hätten unsere Miezen diese alten Erfahrungen, dass Priester, Pharaonen, Könige und Propheten zu ihnen beteten, gespeichert. Da die lieben Samtpfoten als heilig galten, begegneten ihnen die Menschen mit tiefer Ehrfurcht. Sehr früh brachten Menschen Naturereignisse mit Sonne und Mond in Verbindung. Für die damalige Bevölkerung galten Katzen als die Vermittler des altägyptischen Sonnengottes Re (Ra) und seiner als Katzengöttin dargestellten Tochter Bastet. Bastet war eine sehr sanftmütige Göttin, der überwiegend positive Eigenschaften zugesprochen wurden. Sie galt einerseits als Göttin der Fruchtbarkeit, Sexualität und Liebe und andererseits als Beschützerin der Schwangeren. Als Katzengöttin spielte Bastet eine besondere Rolle. Die Ägypter nannten sie auch Pascht, Bubastis und Ubastet. Im alten Reich wurde Bastet mit einem Frauenkörper und einem Katzen- oder Löwenkopf dargestellt. Ebenso der Sonnengott Re wurde durch eine Katzengestalt verkörpert. In späterer Zeit zeichneten die Ägypter das Bild von Bastet als sitzende Katze.

Nach einem natürlichen Tod der hauseigenen Samtpfote wurden verschiedene Trauerrituale abgehalten wie zum Beispiel das Rasieren der Augenbrauen. Die Ägypter glaubten, dass die verstorbene Katze dem Haus Segen bringe. Der Katzenleichnam wurde einbalsamiert und liebevoll samt Grabbeigaben beerdigt. Damals hatten Katzen kaum Grund zur Sorge: Die Kornkammern waren immer gut mit kleinen Nagern »gefüllt« und niemand durfte ihnen aufgrund ihrer fleißigen Jagdleidenschaft ein Haar krümmen. Es ging sogar so weit, dass Besucher den hauseigenen Miezen Geschenke mitbrachten. Jeder wusste, wenn er einem Stubentiger ein Leid zufügen würde, hätte er die Todesstrafe zu befürchten.

Wer auf den Spuren des alten Katzenkultes wandern möchte, kann dies im östlich gelegenen Nildelta tun. In jener Zeit, als Pharao Sheshonk sein Zentrum der Macht erbaute, wurde die Stadt Bubastis (auch Aboo-Pascht genannt) zum Zentrum des Katzenkultes erhoben. Unzählige Samtpfoten genossen ein Leben in Saus und Braus im eigens erbauten

Bastet-Tempel. Natürlich wurden den heiligen Tempelkatzen umfangreiche Opfergaben dargebracht. Wer weiß, vielleicht steckt in so manchem Stubentiger diese alte Erinnerung?

Frau und Herr Katze wurden keinesfalls ohne Selbstzweck verehrt. Bereits im alten Reich merkten die Menschen schnell, dass man Katzen zu nichts zwingen kann. Katzen müssen selber wollen, sich freiwillig dem Menschen anschließen. Die großen Kornspeicher waren durch Mäuse- und Rattenplagen in Gefahr geraten, da kam die Katze als Beutegreifer gerade recht. Die Ägypter waren vom Wohlwollen und der Jagdleidenschaft der lieben Miezen abhängig. Ein wahres goldenes Zeitalter für den Menschen wie für die Katzen, die ein wunderbares Leben genießen durften. Etwa einmal jährlich wurde ein mehrere Tage andauerndes Fest zur Ehren der Katzengöttin in der Tempelstadt Bastet abgehalten.

Heute mumifizieren wir unsere Katzen nicht mehr und auch in unseren Gräbern müssen sie uns keine Gesellschaft leisten, aber der letzte Gang fällt uns dennoch schwer. Nicht umsonst finden wir heute Tierfriedhöfe, die unserem Glauben gerecht werden und wo wir unseren vierbeinigen Gefährten die letzte Ehre erweisen können.

Als eine weitere Hochburg der Katzenverehrung galt Heliopolis mit einer grandiosen Katzenstatue. Das Besondere an dieser war, dass sie je nach Sonneneinstrahlung ihre Augen verengen oder erweitern konnte. Nach reichlich Forschung wissen wir heute um die »Blendenautomatik« des Katzenauges. Es müssen damals kluge Köpfe gewesen sein, die bereits zu ihrer Zeit die Funktion des Katzenauges nachstellten. Offensichtlich faszinieren mystische Katzenaugen die Menschen von einst und jetzt gleichermaßen.

Einige alte Mythen haben sich bis heute gehalten, wie zum Beispiel die schwarze Katze, die den Weg kreuzt. In unseren Breiten bedeutet »von rechts nach links – Glück dir bringt's«. Von links nach rechts hingegen steht Unglück bevor. In England sieht man das anders. Dort bringen die weißen Stubentiger Unglück und die schwarzen Glück. Auch Matrosen hielten Samtpfoten für Glücksbringer und zudem als Übermittler von Schutzgeistern. Kein Wunder, denn Katzen hielten auch die Vorräte auf Schiffen von Mäusen und Ratten sauber.

Das dreifärbige Glückskätzchen hat sich zudem bis heute gehalten. Unsere Prinzessin »Lilly« war ein ebensolcher Glücksbringer auf vier Pfoten.

# Wie Katzen ticken

Wohliges Schnurren, weiches Fell unter unseren Händen, anschmiegsames und zugleich eigenwilliges Wesen, rasch die Krallen ausgefahren – all das kommt uns in den Sinn, wenn wir an Katzen denken.

Ist die Katze wirklich ein Einzelgänger oder gar ohne soziale Kompetenz? Wie weit entsprechen vorgefasste Meinungen dem wahren Wesen unseres Stubentigers? Wussten Sie, dass Katzen rasch besorgte Geschöpfe sind? Veränderungen können ihre geordnete Welt schnell ins Wanken bringen.

Schenken wir einer Katze oder einem Kater ein neues Zuhause, sollten wir uns ihrer Bedürfnisse bewusst sein. Inwieweit können und wollen wir diesen gerecht werden? Sind wir bereit, Kompromisse zwischen unseren Bedürfnissen und jenen unseres vierbeinigen Gefährten einzugehen? Wie reagieren wir auf Haarbüschel und Katzenstreu unter unseren Füßen, wenn wir durch die Wohnung schlendern oder wenn unsere geliebte Samtpfote plötzlich sympathischere Ecken als ihr Katzenklo für ihre Ausscheidungen entdeckt?

Sich diese Fragen bereits im Vorfeld der Anschaffung eines Stubentigers zu stellen, ist durchaus sinnvoll, damit Sie weitestgehend vor unliebsamen Überraschungen gefeit sind und ein unbeschwertes wie harmonisches Miteinander genießen können.

Katzen sind vielschichtige Charaktere und nicht immer die gelassenen Zeitgenossen, für die wir sie halten. Die Welt unserer Stubentiger gerät rascher aus den Fugen, als wir denken.

Im Gegensatz zu manch anderen Tieren haben Katzen weder eine Herde noch ein Rudel hinter sich. Unter natürlichen Bedingungen sind die lieben Miezen im Großen und Ganzen auf sich gestellt. Das Einzelwesen Katze geht allein auf die Jagd und durchstreift bevorzugt allein ihr Revier sowie ihr Streifgebiet.

Da Katzen kleine Beutegreifer sind, können sie größeren Raubtieren wie etwa Fuchs oder Marder zum Opfer fallen. Dieses Wissen ist tief in ihnen verankert. Allerdings gehen sich meinen Beobachtungen nach Katze, Marder und Fuchs wenn möglich aus dem Weg. Bei einem geringen Nahrungsangebot, einer besonders attraktiven Futterquelle oder wenn ein Tier in die Ecke gedrängt wird und nicht fliehen kann, sind Kämpfe durchaus möglich. In dem Wesen und Charakter sowie in dem starken Selbsterhaltungstrieb unserer Mieze spiegelt sich wider, dass sie Beutetier und Raubtier in einem ist. Daher ist aggressives Verhalten für Katzen überlebensnotwendig und nicht automatisch als negativ zu werten.

# 1. Katzenbabys – So fängt alles an

Ob bei Katzen oder bei Menschen: Bei beiden ist für eine gesunde und ausgereifte Gehirnentwicklung die Zeit der Trächtigkeit bzw. Schwangerschaft ebenso markant wie die ersten Lebenswochen. Es ist kein Geheimnis, dass sich Dauerstress und mangelhafte Ernährung einer Mutter negativ auf die Entwicklung ihres Ungeborenen auswirkt.

In den ersten beiden Lebenswochen besteht das Leben eines Kätzchens aus trinken, schlafen, verdauen und von Mama Katze liebevoll umsorgt zu werden.

Nachdem die kleinen Kätzchen taub und blind geboren werden, erblicken sie im wahrsten Sinne des Wortes im Bereich von sieben bis zehn Tagen das Licht der Welt. Frühestens dann öffnen sie erstmals ihre Augen. Allerdings sehen sie zu diesem Zeitpunkt noch nicht, denn erst ab der siebten Woche ist die volle Sehkraft entwickelt. Ähnlich verhält es sich mit ihrer Hörfähigkeit. Die Ohren öffnen sich im Alter von sechs bis zehn Tagen, ihre Hörkraft entfaltet sich aber erst mit vier Wochen. Kätzchen hören also bevor sie sehen. An diesen von außen sichtbaren Ergebnissen lässt sich wunderbar erkennen, wie viel Gehirnentwicklung in dieser Zeit abläuft. Dementsprechend ist ein gesundes Maß an Umweltreizen essentiell.

In den ersten drei Lebensmonaten beginnen die Kleinen, das Leben um sich herum zu entdecken Sie fassen Vertrauen sowohl zu ihren Artgenossen als auch zu sich selbst. Beim Toben mit ihren Wurfgeschwistern lernen Katzenbabys spielerisch ihre Sinne kennen und gehen auf ihre erste Entdeckungsreise. Ausreichend positive Erfahrungen mit Gleichgesinnten sowie mit dem Menschen sind in dieser Phase besonders wichtig.

Die Entwicklungsphasen während der »Pubertät« sind wie bei unseren Menschenkindern fließend und daher nicht an einem fixen Datum festzumachen. Von individuellen Unterschieden ganz zu schweigen. Im Zuge der Pubertät und in etwa im Alter zwischen sechs und acht Monaten löst sich die Familie als solche langsam auf. Dies bezieht sich auf einen ungestörten und wenn man so will, normalen Entwicklungsverlauf.

Kätzinnen kommen in etwa mit fünf bis neun Monaten in die Pubertät. Dies ist von der Jahreszeit, in der sie geboren wurden, ebenso abhängig wie von den jeweiligen Umweltbedingungen. Bei Katern steigen die Geschlechtshormone (Testosteron) bereits ab etwa dem dritten bis vierten Monat an. Die sexuelle Reife wird allerdings erst mit rund neun bis zwölf Monaten erreicht. Orientalische Rassen können früher sexuell aktiv werden, wohingegen Perser oder Main Coons als Spätentwickler gelten.

Die soziale Reife wird irrtümlicherweise häufig mit der sexuellen Reife gleichgestellt und wird erst mit zwei bis vier Jahren erlangt. Zudem entwickelt sich mit der sozialen Reife das Territorialverhalten der Katzen und damit verbunden kann erstmalig das Markieren mit Kot auftreten.

Die mit den natürlichen Entwicklungsphasen und teilweise mit der Kastration einhergehenden Veränderungen im Verhalten nehmen wir oft nicht bewusst wahr. Bei der kleinen Jungkatze hingegen springen uns die Veränderungen buchstäblich ins Auge, wenn sie etwa plötzlich geschickt den Vorhang hinaufklettert oder sie unerwartet mit einem Satz auf die Kommode springt und dabei unsere geliebte Vase zu Bruch geht. Wir bekommen die unerwünschten Spielereien des Kindes in ihr im wahrsten Sinne des Wortes zu spüren, wenn sie ihre scharfen Krallen und kleinen messerscharfen Zähne in uns bohrt.

# 2. Katzen sind geheimnisvoll ...

Organisation ist für Katzen oberstes Gebot, auch wenn dies für uns nicht immer erkennbar ist. Raum, Zeit und Beziehungen spielen für sie die wichtigsten Rollen.

Unsere Samtpfote betritt einen Raum, in dem ein Kind mit seinen Bauklötzen um sich wirft oder singend wie tanzend seiner Lebensfreude Ausdruck verleiht. Um sich sicherer zu fühlen und einen besseren Überblick über ihr Revier zu ergattern, wird die Katze versuchen, sich so schnell wie möglich in eine erhöhte Position zu begeben.

Bei meinen Beratungen vor Ort kann ich mich immer auf die eifrige Mitarbeit von Frau und Herr Katze verlassen. Manche Katzenhalter meinen, dass ihr Stubentiger kein Verlangen habe, erhöht sitzen zu wollen. Wie das Amen im Gebet kommen die lieben Samtpfoten anmarschiert und veranschaulichen, dass sie anderer Meinung sind. Immer wieder eine amüsante Erfahrung für mich. Als würden die lieben Miezen genau wissen, warum ich da bin und worum es geht. Wir können es drehen und wenden wie wir wollen, die dritte Dimension des Raumes zählt zum Revier unserer Stubentiger. In der sozial überlegenen Position fühlt sich die Katze schlicht und ergreifend sicher. Zudem lieben und genießen es unsere Miezen, ihr Revier in Ruhe überblicken zu können.

Im Zusammenleben von Katzen ist es wichtig, zur richtigen Zeit am richtigen Ort zu sein. Die sozialen Gefüge innerhalb einer Gruppe unterliegen keinen starren für immer gültigen Regeln, sehr wohl aber unterschiedlichen Übereinkünften. Vieles ist von den jeweiligen Umständen abhängig und entgeht unserer Wahrnehmung. Zwei Kontrahenten etwa können sich in einer für beide fremden Umgebung gänzlich anders einander gegenüber verhalten als im gemeinsamen vertrauten Heim.

Kater »Bruno« kann zum Beispiel am Morgen auf dem Kratzbaum im Wohnzimmer die sozial überlegene Position einnehmen. Zu einer anderen Zeit an einem anderen Ort kann hingegen Kater »Kurt« den Thron besteigen. Die Streifgebiete unserer Katzen überlappen sich, Wegenetze, Aussichtsplätze und Jagdgebiete werden dementsprechend gemeinsam, allerdings zu unterschiedlichen Zeiten genutzt. Wie wir sehen können, spielt der Faktor Zeit eine wichtige Rolle im Leben unserer Miezen.

Zudem tragen unsere Stubentiger eindeutig einen eingebauten Wecker mit sich, der allmorgendlich die Frühstückszeit einläutet. Weniger charmant hingegen fühlen sich ihre Krallen auf unserem Unterschenkel an, die sich wie Nadeln in die Haut bohren, während wir im wohlig warmen Bett liegen, und der sachten Aufforderung, den Frühstückstisch zu decken, nicht gleich nachkommen. Im Zusammenleben mit uns Menschen vergessen unsere lieben Mitbewohner selten auf ihre fixen Fütterungszeiten. Es stellt sich dann oftmals die Frage, wer hier wen besser erzogen hat.

Struktur und Organisation nehmen hohe Stellenwerte im Leben der Katzen ein. Harmonische Beziehungsgeflechte in einer Miezengesellschaft tragen viel dazu bei und sind für das allgemeine Wohlgefühl unserer Samtpfoten unerlässlich. Menschliche wie tierische Neuzugänge können ein beträchtliches Durcheinander in die Ordnung unserer Stubentiger bringen. Meines Erachtens wird die Bindung der Katzen an uns Menschen unterschätzt. Wir stellen eine relevante »Sicherheitssäule« im Leben unserer Miezen dar und können gezielt ordnend und strukturierend wie regulierend in dieses System einwirken, um unseren Vierbeinern Stabilität zu verschaffen. Dies gilt insbesondere dann, wenn ich mehreren Katzen auf eher beschränktem Raum ein Zuhause gebe, wie es bei reiner Wohnungshaltung der Fall ist.

# 3. Artgerechte Katzenhaltung

Unsere Samtpfoten haben Bedürfnisse wie wir Menschen. Insbesondere bei reiner Wohnungshaltung suchen wir nach den bestmöglichen Kompromissen zwischen unseren Bedürfnissen und jenen unserer Stubentiger. Fühlt sich unsere Mieze wohl, sind auch wir Menschen glücklich.

Unsere Stubentiger wollen speziell bei reiner Wohnungshaltung regelmäßig beschäftigt werden, weswegen wir für ausreichend Abwechslung beim Spielen sorgen dürfen. Langeweile führt zu Frustration und Stress.

Wasser und Futter sollten nicht nebeneinander positioniert werden. Katzen bevorzugen eine räumliche Trennung von Futter- und Wasserstelle. Da Stubentiger grundsätzlich wenig trinken, können sie durch verschiedene und vermehrte Angebote zum Trinken animiert werden. Manche Katzen mögen bepflanzte Wasserbecken und andere wiederum bevorzugen Fließendwasser.

Wie schon erwähnt, sind erhöhte Aussichtsplattformen für Stubentiger wichtig, um das Revier ungestört überblicken und sich sicher fühlen zu können. In der Katzenwelt gilt die Regel: Wer erhöht sitzt, ist sozial überlegen.

Katzen benötigen zudem ungestörte Ruhe- und Schlafplätze sowie sichere Rückzugsmöglichkeiten und Verstecke, um sich »unsichtbar« machen zu können. Allseits beliebt ist ein Fach im Wäscheschrank. Der Geruch des vertrauten Menschen schenkt unseren Miezen zusätzlich ein Gefühl der Sicherheit und Geborgenheit. Nicht umsonst fühlen sie sich häufig in unseren Betten katzenwohl. Der Kernbereich (Primärheim) unserer Miezen umfasst immer einen sicheren Schlaf-Ruhe-Rückzugs-Ort, der von Artgenossen großteils respektiert wird. Manche Katzen benötigen ein Zimmer, andere begnügen sich mit einem Winkel der Wohnung.

Gesicherte (!) Fensterbretter und Balkone sind bei unseren Miezen sehr beliebt. Insbesondere Plätzchen in der wärmenden Sonne finden großen Anklang. Je älter unsere Miezen werden, desto wärmebedürftiger sind sie.

Ein Kratzbaum bzw. Kratzmöbel dienen dazu, das Revier zu markieren, aufgestaute Energien, Besorgnis, Angst, Stress oder innere Anspannungen abzubauen. Ein Kratzbaum hilft zudem, lästige Krallenhüllen abzustoßen und um sich ausgiebig dehnen und strecken zu können (insbesondere Schulter-, Wirbelsäulen- und Zehenmuskulatur). Außerdem erhöht ausgiebiges Schreddern das Wohlgefühl unserer Stubentiger.

Katzen wollen jagen. Am liebsten, wenn wir einer Beuteattrappe Leben verleihen und die verschiedenen Sequenzen eines Jagdablaufs durchspielen. Unsere liebe Mieze entwickelt gerne selbst Strategien und kann dabei recht kreativ sein. Der Ablauf erfolgt keineswegs starr, viel mehr ist er im echten Beutespiel frei kombinierbar. Auf ein Erfolgserlebnis in Form einer »Beute« sollte nicht vergessen werden.

Leben mehrere Katzen unter einem Dach, insbesondere bei eher disharmonischen Gruppen, sollten Pufferzonen wie ein Katzentunnel oder Schachteln mit seitlichem Eingang und dergleichen eingerichtet werden. Auf diese Art helfen wir den Katzen ihrem Wesen entsprechend, direkten Konfrontationen leichter aus dem Wege gehen zu können. Es macht durchaus Sinn, in der Wohnung ein künstliches Streifgebiet anzulegen.

Unsere Miezen brauchen sichere Katzentoiletten mit einem guten Überblick über das Revier. In der Regel sollten wir pro Katze zwei Katzenkisten anbieten, da Katzen Kot und Urin in zwei Verhaltenssequenzen absetzen. Bei zwei Katzen bedeutet dies folglich drei Katzenkisten. Akzeptiert sie weniger Toiletten, ist unser Stubentiger schlicht sehr tolerant. Bitte offene Katzentoiletten wählen und mit ausgiebig Streu anbieten. In der geschlossenen Variante fängt sich der Geruch von Urin und Kot. Dies ist für die empfindliche Katzennase eine wahre Zumutung. Die Katze muss sich ungehindert in ihrer Kiste umdrehen können. Viele im Handel erhältlichen Katzenklos sind zu klein. Die Katzentoilette auf dem Klo entspricht nur selten den Vorstellungen unserer Samtpfote. Wichtig ist zudem die Stabilität der Toilette, damit sie nicht plötzlich wegrutscht. Dies gilt insbesondere für ältere Stubentiger. Außerdem sollten zwei sichere Zugangswege gegeben sein.

Sichere Pfade zu diversen Ressourcen sind wichtig, um Mobbing zu verhindern.

Gerüche aus der Natur in Form von Zweigen, Steinen, Kastanien, Rinden und Blumen sind bei Herr und Frau Katze sehr beliebt. Ebenso finden Schachteln, Kisten und Papiersäcke (ohne Henkel) großen Anklang und sorgen für ein wenig Abwechslung. Regelmäßig unterschiedliche Reize anzubieten, hilft den Vierbeinern, flexibler und stressresistenter durch ihr Katzenleben zu wandern.

Katzenminze-, Baldrian- oder Geißblattsessions können wir ab und zu anbieten. Katzenminze (catnip) beinhaltet Nepetalacton, das gewisse Ähnlichkeiten mit LSD aufweist. Die meisten Katzen reagieren auf Katzenminze, indem sie sich darin wälzen, die Blätter abzupfen und einen ganz besonderen Gesichtsausdruck aufsetzen. Allerdings gibt es auch jene Samtpfoten, die in dieser Phase leichter reizbar sind und sich rascher aggressiv verhalten. Daher ist darauf zu achten, dass kein Artgenosse attackiert wird.

Eventuell können beruhigende Pheromone eingesetzt werden, wenn die Katzen diese nicht selbst verteilen und/oder ein allgemein entspannteres Wohlgefühl gefördert werden soll.

Blütenessenzen wie etwa Bachblüten dienen der inneren Harmonisierung, Duftöle wie Lavendel der Entspannung.

Eine frische, natürliche Nahrung verhilft zu mehr Vitalität und Wohlgefühl und wirkt sich positiv auf die Gesundheit aus.

Fenster und Balkone inklusive Kippfenster sind bitte unbedingt mit einem Gitter, einem Netz oder einer nach innen gebogenen Plexiglasscheibe zu sichern.

In der Zeit meiner Tätigkeit an der Veterinärmedizinischen Universität Wien sprachen wir im Frühjahr von den »Fenstersturzkatzen«. Anfänglich wusste ich nicht, was damit gemeint war. Im Frühling, wenn wir die Fenster öffnen, um die Sonne herein zu lassen, stürzen viele Stubentiger aus den Fenstern. Seither weiß ich mit Bestimmtheit, dass Katzen nicht immer auf den Pfoten landen, wenn sie aus großen Höhen fallen. Sie springen freilich nicht in die Tiefe, dafür sind sie zu klug und weise. Vielmehr haschen sie nach einem Insekt oder einem Vogel, verlieren den Halt und stürzen hinab. Junge ungestüme und unerfahrene Vierbeiner sind besonders gefährdet. Unter den Patienten fanden sich allerdings auch zahlreiche Samtpfoten, die jahrelang ohne Probleme das Fensterbrett oder den Balkon bewohnten. Katzen sind wie alle Lebewesen unberechenbar. Ganz offensichtlich haben unsere Miezen keine sieben oder neun Leben, denn viele verstarben an den Folgen.

# 4. Ein Katzenkind zieht ein

Übernehmen Sie eine kleine Katze bitte nicht zu früh. Egal, wie süß der kleine Wicht auch sein mag. Immer wieder erlebe ich, dass die Kleinen viel zu jung von ihrer Familie getrennt und ohne weiteren Kontakt zu ihresgleichen aufgezogen werden.

Werden Kätzchen unter sieben bis acht Wochen von ihrer Mutter und den Geschwistern getrennt und wachsen anschließend ohne Artgenossen auf, ist unter anderem oft eine mangelnde Selbstkontrolle auf emotionaler sowie motorischer Ebene zu verzeichnen. Ebenso können soziale Defizite bis hin zu einem Mangel an ausgereifter kätzischer Kommunikationsfähigkeit die Folge einer zu frühen Abnabelung von der Mutter sein. Zudem ist in diesem Zusammenhang die Gefahr eines mangelernährten Kätzchens groß, was weder auf physischer noch auf psychischer Ebene ohne Konsequenzen bleibt. In den ersten Lebenswochen finden umfangreiche Prozesse im Gehirn statt. Bei derart jung von der Familie getrennten Miezen fehlen diese meist im notwendigen Maß und daher mangelt es den Katzen später in den meisten Fällen an Anpassungsfähigkeit sowie Flexibilität. Damit ist der Grundstein für eine besorgte, ängstliche und rasch gestresste Katzenpersönlichkeit gelegt. Der kleinen Mieze scheint es in solchen Fällen oft an »Urvertrauen« zu fehlen. Im Extremfall entwickeln sich massive »Störungen« wie etwa unterschiedliche Angstproblematiken und ihre Folgen. Wir sehen beispielsweise eine Katze vor uns, die bei jeder Kleinigkeit, jeder Veränderung mit aufgerissenen Augen und in geduckter Haltung das Weite oder besser ein sicheres Versteck sucht. Oft haben sie nur zu einem Menschen wirklich Vertrauen. Sie können sich an Veränderungen und neue Menschen gewöhnen, aber nur sehr langsam. Sofort markieren sie mit Harn, werden unsauber oder beginnen, sich zur Selbstberuhigung übermäßig zu putzen und sich das Fell auszureißen. Einige von ihnen fressen auch »nur« übermäßig viel und ständig. Manche leben in sich zurückgezogen in einem Winkel der Wohnung und oder reagieren aus Selbstschutz rasch angstaggressiv. Ebenso sind psychosomatischen Erkrankungen Tür und Tor geöffnet.

Aus all diesen guten Gründen sollten Kätzchen die Möglichkeit erhalten, zumindest zwölf bis dreizehn Wochen mit ihrer Familie leben zu dürfen. Ich rate allerdings dazu, die kleinen Schnurrmonster sechzehn Wochen mit ihren Geschwistern und ihrer Mutter zusammenleben zu lassen. Im optimalsten Fall warten wir die natürlichen Ablösungsprozesse während der Pubertät ab und übernehmen dann unser Kätzchen. Neben dem sehr wichtigen Lernen im Spiel mit Artgenossen ist die Rolle der Mutterkatze in der Erziehung nicht zu unterschätzen.

Wesentlich ist, dass die kleinen Miezen diese erste Lebensphase bereits mit Menschen verbringen. Denn auch der frühe Kontakt zum Menschen ist für ein freudvolles harmonisches Zusammenleben unabdingbar. Niemand sollte sich sorgen, dass die lieben Kätzchen in diesem Alter womöglich keine enge Bindung mehr zu ihren Menschen aufbauen. Dies zu glauben, wäre ein simpler Trugschluss. Ich spreche aus Erfahrung, wenn ich sage, dass auch weit ältere Stubentiger eine äußerst enge Verbundenheit zu ihren Menschen entwickeln können. Egal wie alt sie waren und wie sie den Weg zu uns fanden, ob zugelaufen, krank gefunden oder aus verantwortungsvoller Haltung übernommen – jeder einzelne Stubentiger entwickelte eine tiefe Bindung zu uns.

Lassen wir die Kätzchen länger im Familienverband, gewähren wir ihnen die Möglichkeit auf eine umfangreiche sowie auf allen Ebenen gesunde Entwicklung. Selbstredend tragen die jeweiligen Lebens- und Umfeldbedingungen sowie der Katzenhalter ihren Beitrag bei.

Wenn schon die erzieherisch sehr wichtige Mutter weg-fällt, dann haben die noch sehr jungen Kätzchen zumindest bessere Karten, wenn sie zu zweit aufgenommen werden. Damit erhöhen sich ihre Chancen für eine freudvolle wie unbeschwerte Kindheit und Jugend. Wir dürfen nicht vergessen, dass auch bei unseren Miezen soziale Kompetenzen nicht vom Himmel fallen, sondern erworben werden müssen. Dadurch werden auch die individuellen Entwicklungs-, Reifungs- und Lernmöglichkeiten deutlich verbessert.

### Vertrauensbildung von Anfang an

Ist es nicht ein wundervoller Gedanke, das Leben mit Katzen zu teilen? Dabei ist es schon wichtig, wie das gemeinsame Leben beginnt.

Im Folgenden beziehe ich mich nicht auf die Zusammengewöhnung, sondern nur auf die allgemeine Anfangszeit. Wie bereits erwähnt, sollten am besten zwei Jungtiere aufgenommen werden. Bei älteren Katzen sind Wesen und Charakter sowie die Zeit ihres Alleinlebens zu berücksichtigen, ob man einer oder zwei Miezen ein neues Heim schenkt. In jedem Fall stellt Vertrauen den Grundstein jeder glücklichen Beziehung und einer innigen Bindung dar.

Insbesondere bei reiner Wohnungshaltung sollten wir bereits im Vorfeld großen Wert auf eine katzengerechte Umfeldgestaltung legen.

Hilfreich für die Eingewöhnungsphase sind Pheromonstecker. Sie enthalten die künstlichen Gesichtspheromone, fördern das Wohlgefühl und wirken leicht entspannend. Bachblüten harmonisieren die Mieze feinstofflich.

Zuerst bringen wir die Kätzchen zumindest für einen Tag in einem ungestörten Zimmer unter. Schrittweise wird der Rest der Wohnung oder des Hauses offenbart. Dies nimmt den Katzen Stress und sie können sich langsam an die neue

Umgebung gewöhnen. Wichtig ist, dass wir als neue Bezugsperson Zeit mit den Schnurrmonstern verbringen. Wie schnell oder langsam wir die Türen öffnen, hängt von Wesen und Charakter der Katzen ab. Manchmal genügt ein Tag, andere Miezen benötigen etwas länger. Haben wir eine scheue, verunsicherte oder gar traumatisierte Katze aus dem Tierschutz übernommen, geben wir ihr etwas mehr Zeit und wählen einen besonders ruhigen Raum zur Eingewöhnung aus. Im besten Fall wird dieser in der Zukunft ihr sicherer Rückzugs- und Ruheort.

Extrovertierte, selbstbewusste Stubentiger wollen meist rasch alles erkunden. Ebenso junge Kätzchen mit einem guten Urvertrauen. Diesen Samtpfoten können wir nach einem Tag den nächsten Raum eröffnen. Wie viele Zimmer wir pro Tag präsentieren, hängt von der Größe der Wohnung, des Hauses ab. Selbst bei entspannten und abenteuerlustigen Miezen geben wir dem natürlichen Neugierverhalten schrittweise nach. Ein auf einen Schlag präsentierter großer, unüberschaubarer Lebensraum kann unsere Vierbeiner stressen.

Die Qualität der gemeinsam verbrachten Zeit ist wesentlich. Bei jungen Kätzchen bedeutet dies viel Spiel und Schlaf. Die ausgewogene Ernährung soll nicht unerwähnt bleiben. Beginnen wir von Anfang an, Spielzeiten einzuführen, lernen sich bereits die Kleinsten der Kleinen daran zu orientieren. Wir führen von Beginn an weitere Rituale ein, wie etwa Fütterungszeiten und Phasen der Entspannung. Rituale wirken strukturierend und schaffen ein Gefühl der Sicherheit und Vorhersehbarkeit. Je nachdem, wie hoch der Kuschelfaktor unserer Schnurrmonster ist, schenken wir ihnen bewusst unsere Zuwendung.

Wir reden ausgiebig und mit ruhiger Stimme mit den Miezen. Indem wir sie häufig mit ihrem Namen ansprechen, festigt sich das Band zwischen uns. Da Katzen sehr gut hören, müssen wir nicht laut werden. Keineswegs müssen wir sofort springen, wenn unsere Stubentiger danach verlangen. Sonst haben sie uns bald sehr gut erzogen und uns um ihre kleinen Krallen gewickelt.

Ganze Jagdsequenzen miteinander durchzuspielen, tut nicht nur Körper, Geist und Seele gut, sondern fördert auch den Bindungsaufbau. Da das Jagdverhalten erst heranreift, bevorzugen die Kleinen soziale Spiele.

Inwieweit die Miezen unser Streicheln als angenehm wahrnehmen, hängt von ihren persönlichen Nähe- und Distanzregeln ab. Für manche genügt die Nähe des Menschen, die wir ihnen unbedingt schenken sollten. Nur weil sie sich nicht streicheln lassen wollen, heißt dies nicht, dass sie nicht unserer Nähe und Zuwendung brauchen.

Wenn wir mit Liebe und Geduld unsere neuen Miezen akzeptieren, wie sie sind, können wir beim Wachstum unserer Bindung zusehen.

*Kastration – ja oder nein?*

Es freut mich, dass zumindest bei den Katern mittlerweile mit der Kastration so lange wie möglich gewartet wird. Eine späte Kastration ist physisch wie psychisch die eindeutig gesündere Variante und daher wäre es natürlich am besten, junge Katzen beiderlei Geschlechts auf allen Ebenen ihres Seins ausreifen zu lassen.

Wir Menschen wissen nach wie vor sehr wenig über die Komplexität des Hormonhaushaltes, welcher unzählige Prozesse im Organismus steuert. Durch die hohe Fortpflanzungsrate bei Katzen mussten Kompromisse für den Zeitpunkt der Kastration gefunden werden. Zudem freut sich niemand, wenn plötzlich eifrig allerorts in der Wohnung markiert wird. Abgesehen von dem starken Fortpflanzungstrieb können rollige Katzen, wenn sie nicht gedeckt werden, in eine auch für sie sehr anstrengende Dauerrolligkeit fallen. Von menschlicher Warte aus betrachtet, werden für eine kastrierte Kätzin viele Kapazitäten frei, die sie meines Erachtens nach durchaus zu genießen versteht. Wenn ich an unsere Katzendamen denke, so waren sie allesamt sehr aktiv, relativ viel unterwegs und im Gegensatz zu ihren männlichen Artgenossen erfolgreichere Jägerinnen.

Nicht zu vergessen, dass die meisten Tierheime mit Miezen aller Altersklassen überfüllt sind. Zum Wohle und Schutz von Frau und Herr Katze macht es Sinn, regulierend in Form der Kastrationen einzugreifen. Dies stellt eine weit humanere Maßnahme dar, als jene früher bei uns am Land, wo die frisch geborenen Kätzchen getötet wurden. Einzelheiten will ich uns allen lieber ersparen. Nicht umsonst versteckten gewiefte Katzenmütter ihren Nachwuchs sorgsam und immer wieder an anderen Stellen.

Grundsätzlich ist der Zeitpunkt der Kastration nicht unerheblich. Durfte ein Kater bereits sexuelle Erfahrungen machen, bleiben diese im Gehirn abgespeichert. Von seiner Warte aus betrachtet ist er ein vollwertiger Kater. Er wirkt ruhiger, sexuell kann er allerdings durchaus weiter motiviert bleiben. Rivalenkämpfe sind daher im Bereich des Möglichen. Läuft er einer rolligen Katzendame über den Weg, wird ihn das sicherlich nicht kalt lassen. Ich durfte einigen alten Katern ein Heim schenken und manch einer war noch immer sehr verzückt, wenn eine hübsche Katzendame ums Häusereck kam. Selbst wenn Herr Kater nur noch einzahnig hinter der Katzendame herhumpeln konnte – einen Versuch schien es allemal wert zu sein.

# 5. Katzen unter sich – Verhaltenskodex

Katzen sind als Säugetiere absolut soziale Geschöpfe. Katzenmütter sind sehr geduldige wie beherzte Mütter und ziehen mit viel Engagement ihren Nachwuchs auf.

Um Inzucht zu vermeiden, werden gemeinhin mit der Pubertät die Söhne aus der Familie vertrieben oder sie wandern von sich aus ab. Töchter sozialer Mütter verbleiben oft, wenn auch nicht immer, in der sozialen Gruppe und die Anzahl der Kätzinnen nimmt zu, die mehr oder weniger enge Verwandtschaftsgrade miteinander verbinden. Wir können in diesem Zusammenhang von matriarchalisch aufgebauten Familiengruppen, im Sinne natürlicher sozialer Verbände bestehend aus Müttern, Großmüttern, Tanten, Schwestern und Töchtern, sprechen. Gemeinsam werden die Jungen aufgezogen und mit vereinten Kräften wird der Nachwuchs ebenso wie das Revier beschützt und verteidigt.

Kätzinnen zeigen innerhalb solcher Gemeinschaften teilweise ein unterschiedliches Verhalten im Vergleich zu ihren männlichen Artgenossen. Die Begrüßung fällt unter den Katzendamen meist freundlicher aus und ist insgesamt weniger aggressiv gestimmt. Nach außen verhalten sich Kätzinnen durchaus sehr aggressiv, wenn es notwendig ist. Immerhin müssen sie für ihren Nachwuchs sorgen und umso mehr auf ausreichende Ressourcen achten. Nicht umsonst verhalten sich weibliche Stubentiger insgesamt territorialer als ihre männlichen Artgenossen, zumindest so lange diese nicht kastriert sind. Sie haben auch weit mehr zu verlieren. Ihre Territorien sind zwar bedeutend kleiner als jene der Kater, werden jedoch, wenn notwendig, vehementer verteidigt.

Kater tragen eine ähnliche Veranlagung zu Zusammenschlüssen ihres Geschlechtes in sich. Nachdem sie den Familienverband verlassen haben, können sie sich zu einer Art

»Katerbündnis« bzw. »Bruderschaft« zusammenschließen. Um überhaupt in besagtes Bündnis aufgenommen zu werden, muss sich Herr Kater in einer Art Aufnahmeritus bewähren, indem er einige Rivalenkämpfe durchzustehen hat.

Nach der Aufnahme in das »Katerbündnis« müssen sich diese mutigen Halbstarken weiteren Gefechten stellen. Einerseits messen sich die jungen Kater miteinander und andererseits beginnen sie sukzessive, Altkater herauszufordern. Sie haben besonders viel Kampfgeist und stecken oftmals ordentliche Blessuren ein. Auf diese Art rangeln und kämpfen sich die jungen Kater innerhalb des Bündnisses höher, um sich möglichst gut zu positionieren. Es entsteht ein Zusammenschluss ungefähr gleich starker männlicher Tiere mit einer gesunden sozialen Hierarchie. Diese ist keineswegs starr, sondern als lockerer Verband zu sehen. Die unkastrierten Kater dieses Bündnisses wirken gemeinsam als Machthaber eines Gebietes. Sie leben allerdings im Gegensatz zu den matriarchalischen Verbänden der Damen voneinander getrennt. Vielmehr treffen die Kater einander regelmäßig zu mehr oder weniger freundschaftlichen Stelldicheins. Jeder Kater hat sein eigenes Heim und Revier, in das er nach jedem Treffen wieder zurückkehrt. Selbst während der Paarungszeit wird nicht auf die regelmäßigen Treffen verzichtet, auch wenn sich die Kater angriffslustiger zeigen. Allerdings bleibt im Kreise der Katerbündnisse auch das im Rahmen.

Bei einem erstmaligen Aufeinandertreffen zweier erwachsener Kater, ist so gut wie immer ein Kampf zu erwarten. Glücklicherweise laufen Rivalenkämpfe in der Regel ritualisiert ab. Der Sinn, dass Kämpfe einem angeborenen Verhaltenskodex folgen, liegt schlicht in der Erhaltung der Art. Rivalenkämpfe unkastrierter Kater dienen der Fortpflanzung. Allerdings entscheiden in der Katzenwelt die Damen selbst, welchem Kater sie ihre Gunst schenken. Die Herren haben nur wenig Mitspracherecht und nicht immer wird der Stärkste oder Größte gewählt.

Unterschiede und Verwischungen finden wir naheliegenderweise bei Gruppen kastrierter Tiere und bei reiner Wohnungshaltung, die für unsere Samtpfoten durch die Raumbeschränkung unter anderem kleinere Reviere bedeutet. Hinzu kommt die Tatsache, dass Stubentiger nur ein bedingtes Mitspracherecht besitzen, ob und mit wem sie ihr Revier in der Wohnung zu teilen haben. Unterschätzen sollten Sie die lieben Miezen allerdings nie! So beweglich ihre filigranen Körper sind, so beweglich wandern sie auch durch ihr Katzenleben.

Die Aufteilung in matriarchalisch aufgebauten Familiengruppen auf der einen und in Katerbündnisse auf der anderen Seite zeichnen das klare Bild, dass gleichgeschlechtliche Stubentiger leichter Gruppen bilden und somit die besseren Voraussetzungen für ein harmonisches Miteinander bieten. Allerdings sind weitere Parameter wie Alter, Wesen oder Temperament bei der Wahl zukünftiger kätzischer Mitbewohner keinesfalls außer Acht zu lassen.

## Iwan, der Schreckliche

Einige Stubentiger bleiben in besonderer Erinnerung wie auch »Iwan, der Schreckliche«. Er war ein alter Kampfkater und seine vernarbten Blessuren sprachen wahre Bände über seine Vergangenheit. Meine Mutter wurde eines Tages sehr aufgeregt angerufen, dass sich im Keller eines Mehrpersonenhaushaltes meiner Heimat ein wildes Tier verschanzt hätte. Ausgerüstet mit dicken Handschuhen zog meine katzenliebende Mutter kurzerhand los, um besagtes Ungetüm zu fangen. Vor Ort erwartete sie ein verstörtes Häuflein Elend. Iwan war in einer erbärmlichen Verfassung und wehrte sich keine Sekunde. Er schien gleichermaßen heilfroh über die Rettung als auch über die unerwartet liebevolle Zuwendung zu sein. Da unser Mehrkatzenhaushalt meist auch einige Rabauken-Kater beherbergte, durfte er bei meiner Großmama einziehen, welche in einem separaten Teil unseres Hauses lebte.

Iwans Ohren waren zerfranst und fast abgerissen. Ein Teil der Lippe fehlte und sein Mäulchen war von Katerkämpfen aus der Vergangenheit vernarbt. Iwan war ein unkastrierter, »echter« Kater. Sein hagerer Körper war von Narben gezeichnet. Seine Achillessehne des rechten Hinterlaufes dürfte er sich ebenfalls schwer verletzt haben, wie sein Hinken verdeutlichte. Die linke Vorderpfote war nur mehr zur Hälfte vorhanden. Obgleich sein Gangbild eigenwillig war, schien er keine Schmerzen zu leiden. Er blühte in der liebevollen Obhut meiner Großmama regelrecht auf. Im ersten Schritt wurde Iwan tierärztlich versorgt und kastriert. Iwan genoss von da an die sichere Geborgenheit seines neuen Heimes in vollen Züge.

Es muss keinesfalls immer das junge Kätzchen sein, dem wir ein Heim schenken. Eine alternde Katze aus dem Tierheim bei sich aufzunehmen, kann durchaus Vorteile haben. Zudem binden sich meiner Erfahrung nach erwachsene Samtpfoten, die in ihrem Leben vielleicht bereits viel mitmachen mussten, genau so eng an den Menschen wie ein Jungtier. Manchmal erwächst sogar eine noch innigere Verbundenheit. Sie scheinen zu wissen, dass wir ihnen geholfen haben oder sie spüren schlicht unsere bedingungslose Liebe. Es hat den Anschein, als wären sie dankbar. Sie fühlen sich angenommen, sicher und geborgen. Wer wünscht sich dies nicht? Ich glaube, auch in diesem Punkt sind sich Mensch und Katze ähnlich.


## Die Katze – ein soziales Einzelwesen

Im erwachsenen Alter sind Samtpfoten nur zu gerne für sich allein, sind allerdings keineswegs asozial oder generell ungesellig. Frau und Herr Katze sind ausgesprochen unabhängige Geschöpfe. Unter natürlichen Bedingungen ist die erwachsene Katze einzig auf sich gestellt und muss daher auf ausreichend Ressourcen achten und diese sichern. Um kleine Beute wie Mäuse zu erlegen, benötigt sie keinen Jagdgefährten. Bedenkt man, dass eine Maus rund acht Prozent des täglichen Energiebedarfs einer Wildkatze deckt, so wäre eine Maus zu teilen, wenig sinnvoll. Nicht umsonst ist der Selbsterhalt unserer Samtpfoten stark ausgeprägt. Aus alledem entspringt unter anderem das enorme Territorialverhalten unserer Stubentiger.

Bei wildlebenden Katzen ist die Größe einer Katzengruppe, sofern sie sich zu einer zusammenschließen, überwiegend von einem umfangreichen Angebot an Ressourcen abhängig. Insbesondere das jeweilige Nahrungsangebot spielt eine ausschlaggebende Rolle.

Ansonsten wird der Kontakt zu fremden Artgenossen vermieden oder zumindest auf ein Minimum reduziert. Nicht zu vergessen sei, dass bereits jener als fremd wahrgenommen wird, der nicht den Gruppengeruch trägt.

An manch unübersichtlichen Stellen der Streifgebiete kann es passieren, dass die lieben Miezen immer wieder über einander »stolpern«. Beim ersten Mal kann es noch zu einem kleineren Gefecht kommen, in weiterer Folge wird dies vermieden. Entweder sucht der zuletzt Unterlegene ohnedies sofort das Weite, oftmals hart gefolgt von seinem »Gegner« oder die lieben Samtpfoten sind schleunigst darum bemüht, rasch den Abstand zu ihrem Artgenossen durch Lautäußerungen wie Fauchen und körpersprachliches Ausdrucksverhalten zu vergrößern.

Komplexer wird die Angelegenheit bei Begegnungen, die im unmittelbaren Umfeld des Primärheimes (Kernbereich) unseres Vierbeiners stattfinden. Das Primärheim beinhaltet insbesondere den Schlaf- und Ruheplatz der Katze. Wagt sich ein fremder Artgenosse ungefragt zu nahe an das Haus, die Wohnung oder das bevorzugte Zimmer heran, bedeutet dies einen hohen Grad an Besorgnis für den beheimateten Stubentiger. Die Drohgebärden sind unverkennbar und nicht zu überhören. Die beheimatete Mieze wird alles versuchen, den vermeintlichen Eindringling in die Flucht zu schlagen. Wird die kritische Distanz unterschritten, kann es durchaus zu aggressiven Auseinandersetzungen kommen. Im Hintergrund schlummert nicht zuletzt die Besorgnis um ihre Ressourcen, die es immer zu wahren gilt. Eine Katze, die sich bedroht fühlt, kann äußerst wehrhaft bis kämpferisch sein. Angst und Aggression spielen zusammen, bis eine von beiden die Oberhand gewinnt und sie nicht flieht oder kämpft. Zudem verschiebt sich bei kastrierten Katern die Kampffreude von den Rivalenkämpfen hin zu den Revierkämpfen. Ihr Territorialverhalten ist folglich ausgeprägter. Innerhalb einer Katzengruppe hingegen dienen aggressive Signale weit mehr dazu, ernste Konflikte oder Kämpfe zu vermeiden.

Auch wenn Katzen grundsätzlich einzeln leben und überleben können, so soll dies keinesfalls bedeuten, dass Katzen keine sozialen Geschöpfe sind und ihnen Beziehungen egal wären. Als Säugetiere sind unsere Miezen sozial, wenn auch nicht immer gesellig. Struktur und Organisation verhelfen unseren Stubentigern zu einem vermehrten Sicherheits- und Wohlgefühl. Mit anderen Worten werden stressvolle Beziehungsgeflechte von Frau und Herr Katze als äußerst belastend empfunden, wohingegen stabile harmonische Beziehungen wesentlich zu ihrem allgemeinen Wohlgefühl beitragen. Zudem entwickeln nicht zuletzt Wohnungskatzen eine sehr innige Bindung an ihren Menschen. Mehr noch, die Beziehungen zwischen Katzen und ihren Menschen verlaufen intensiver, inniger und freundschaftlicher als zu ihren Artgenossen. Wer weiß, vielleicht hat sich unser Stubentiger seinerzeit aus gutem Grund als einziges Haustier freiwillig dem Menschen angeschlossen. Unsere Samtpfoten geben den Takt vor, wie nahe und innig sowie in welcher Form und mit wem sie den Kontakt wünschen. Die kätzischen Bedürfnisse sind auch in diesem Punkt sehr unterschiedlich ausgeprägt. Manche Stubentiger sind mehr die Einzelwesen, manche wollen den Menschen zwar neben sich wissen, jedoch keine Berührung. Andere wiederum entpuppen sich als die absoluten Kuscheltiger. Unabhängig von ihrem jeweiligen Streben nach Nähe und Distanz kann sich eine Art Abhängigkeitsverhältnis zwischen Katze und Mensch entwickeln. Nicht allein deshalb können auch unsere Stubentiger unter einem ausgewachsenen Trennungsstress leiden.

Katzen mit höheren sozialen Neigungen eignen sich daher besser für ein Zusammenleben mit anderen Miezen unter einem Dach. Stubentiger mit geringeren sozialen Ambitionen können sich hingegen in Katzengruppen auf begrenztem Raum rasch gestresst, besorgt sowie verunsichert oder gar verängstigt fühlen. Nicht selten ziehen sie sich zurück und leben manchmal in einer Art Nische. Wir dürfen unseren Schnurrmonstern helfend zur Seite stehen, auch wenn für uns nicht immer jedes Verhalten logisch nachvollziehbar ist.

# 6. Das schmeckt meiner Katze

Eine artgerechte Ernährung ist für das körperliche, emotionale sowie geistige Gleichgewicht unserer Stubentiger ebenso essentiell wie eine katzengerechte Umfeldgestaltung und ausgewogene Beziehungsgeflechte.

Nicht erst auffällig werdende Verhaltensweisen, wie etwa übersteigert aggressives, hyperaktives oder ein insgesamt reduziertes Verhalten, lassen sich mit einer möglichst frischen sowie natürlichen Nahrung positiv beeinflussen. Auch wir Menschen sind weit stressanfälliger, wenn wir unserem Körper wesentliche Nährstoffe vorenthalten, diese durch gewisse Substanzen dem Organismus entziehen oder ihn mit denaturierter Nahrung und Schadstoffen überfrachten. Das beginnt bereits bei einem zu hohen Zuckerkonsum, der unserem Organismus Vitamin B raubt und die Bauchspeicheldrüse unnötig belasten kann. Der sicherste Weg, den physischen Körper von Mensch und Mieze mit allen erforderlichen Nährstoffen zu versorgen, ist, von Anbeginn auf eine möglichst ausgewogene sowie natürliche Ernährung zu achten. Nicht zuletzt auch deshalb, weil sich damit manche Erkrankung bis zu einem gewissen Grad verhindern lässt. Ein Beispiel ist der überwiegend zu hohe Kohlehydratanteil insbesondere im Trockenfutter, der unter anderem die Bauchspeicheldrüse unserer Samtpfoten mehr als belastet und Diabetes Vorschub leistet.

Unsere Miezen am Land erlegten regelmäßig kleine Beutetiere und viele Krankheitsbilder, die heute fast schon gang und gäbe bei Frau und Herr Katze sind, erlebte ich nie. Die oftmals denaturierte und dem kätzischen Stoffwechsel- sowie Verdauungssystem weder entsprechende noch zuträgliche Fertigfutternahrung fordert ebenso ihren Tribut, wie diverse Zusätze in vieler am Markt befindlicher Trocken- und Feuchtnahrung.

Zudem ist heutzutage unser aller Nahrung bereits aus unterschiedlichen Gründen mehr oder weniger mit Schadstoffen belastet. Ganz abgesehen von den Strapazen, bedingt durch zahlreiche synthetische Zusätze in Fertignahrung, die der tierische und menschliche Organismus erst mühsam in körpereigene Substanzen umbauen muss.

Schadstoffe können (hierzu zählen auch so manche Zusätze in Fertignahrung) in den Zellen (etwa in Fettzellen oder Leberzellen) über geraume Zeit »abgelegt« werden, was die fleißige Arbeit der intelligenten Zellen blockiert. Diese kann der Körper wieder entsorgen, indem wir Menschen sowie unsere liebe Samtpfote ausschließlich frische, natürliche Nahrung verspeisen. In der Umstellungsphase können sich kleinere Unpässlichkeiten ausgelöst durch mögliche Rückvergiftungen bemerkbar machen. Das Allgemeinbefinden kann infolge reduziert sein, der Darm kann verrücktspielen und vielleicht verliert unser Stubentiger vorübergehend etwas mehr Fell. Zur sanften Unterstützung bieten sich verschiedene natürliche Mittelchen an. In jedem Fall machen wir den emsigen Zellen eine Freude und sie können wieder im vollen Umfang ihre Arbeit leisten. Zellen können regenerieren und wir verfügen über Möglichkeiten, ihnen zu helfen.

Katzen zählen zu den echten Fleischfressern, auch Karnivoren genannt. Mehr als Hunde sind unsere Stubentiger auf Nährstoffe angewiesen, die wir nur im tierischen Gewebe vorfinden. Anders ausgedrückt haben unsere Samtpfoten einen großen Bedarf an den im Fleisch enthaltenen hochwertigen Proteinen, sprich an bestimmten Eiweißbausteinen, welche als essentielle Aminosäuren bezeichnet werden. Daher sollte unser Stubentiger pro Woche zumindest zwei bis drei Mahlzeiten mit frischem, rohen Fleisch genießen dürfen, sofern die liebe Mieze nicht ohnedies mit frischer Nahrung versorgt wird. Wir dürfen uns einprägen, dass Frau und Herr Katze einen Eiweißanteil von 93 Prozent in ihrer Nahrung benötigen. Die Fütterung von reinem Muskelfleisch ist allerdings zu wenig. Ganz einem Fleischfresser entsprechend, verfügen unsere Samtpfoten neben einem wahren Raubtiergebiss über einen kurzen Darm sowie über aggressive Verdauungssäfte zur Fleisch-, Knorpel- und Knochenverdauung. Kohlehydrate können Miezen äußerst schlecht bis gar nicht verarbeiten. Diese beziehen sie aus dem Magen- und Darminhalt ihrer Beute und dieser Anteil umfasst dementsprechend nur einen kleinen Prozentsatz. Im Vergleich zu Hunden fressen Katzen weniger Eingeweide.

Insgesamt enthält die Beute unserer Samtpfoten immer Protein, Taurin und Vitamin A im Überschuss. Kein Wunder also, dass Katzenmilch sehr taurinhältig ist. Außerdem ist zu beachten, dass weder Taurin noch Vitamin A in der Pflanzenwelt vorkommen. Der Tauringehalt in Fleisch ist übrigens unterschiedlich hoch und wird beim Kochen zerstört.

Des Weiteren brauchen unsere Miezen viel Fett, vor allem viele hoch ungesättigte Fettsäuren. Es ist naheliegend, dass unsere Samtpfoten tierische Fette bevorzugen. Der erhebliche Fettgehalt in der Katzennahrung wiederum bewirkt, dass der Bedarf unserer Miezen an Antioxidantien (Vitamin E und Selen) ebenfalls hoch ist. Wie wir unschwer erkennen können, ist eine frisch erlegte Maus, Ratte oder ein Vogel eindeutig die gesündeste Beutevariante für unsere Samtpfoten.

Da Fleisch am Ende der Nahrungskette steht, ist es mit den meisten Schadstoffen belastet. Insbesondere Schlachttiere aus Massentierhaltungen sind zusätzlich durch Medikamente und Kraftfutter alles andere als eine gesunde Nahrungsquelle. Weder für Mensch noch für Tier. Laut eines mir bekannten TCM-Arztes (traditionell, chinesische Medizin) kann dies allein zu Krebserkrankungen führen. Zudem nehmen wir zusätzlich die ausgeschütteten Stresshormone dieser gequälten Kreaturen zu uns. Insgesamt empfehle ich immer auf Bioqualität zu achten. Den finanziellen Aspekt will ich gewiss nicht unter den Teppich kehren. Wir sollten jedoch bedenken, dass nicht zuletzt wir Konsumenten eine große Macht in uns tragen und diese zum Wohle aller positiv nutzen können. Wenn keine Nachfrage besteht, wird nicht produziert. Mit unserem Kaufverhalten steuern wir unterm Strich den Markt. Wir alle sind aufgefordert, im Sinne der Nachhaltigkeit zu fühlen, zu denken und zu entscheiden. Es ist keine Privatangelegenheit, es geht um das Gesamte.

Als ursprüngliche Steppen- und Wüstentiere trinken unsere Samtpfoten generell zu wenig, weshalb wir, sofern wir unsere Miezen nicht ohnedies frisch füttern, bevorzugt auf Feuchtnahrung anstatt auf Trockenfutter zurückgreifen sollten. Das alte Wissen der Afrikanischen Falbkatze, ihren Bedarf an Flüssigkeit überwiegend aus der Nahrung zu beziehen, schlummert nach wie vor in unseren Stubentigern. Selbst Miezen, die regelmäßig trinken, nehmen für eine Trockenfutter-Ernährung viel zu wenig Flüssigkeit zu sich. Zudem entzieht Trockenfutter unseren Katzen Feuchtigkeit. Abgesehen von den unüberschaubaren chemischen Zusätzen (unter anderem Konservierungs-, Farbstoffe, Geschmacksverstärker) und dem überwiegend zu hohen Kohlehydratanteil, bezeichne ich Trockenfutter als eine schlicht »tote Nahrung«. Dies beginnt bereits bei dem brutalen Umgang mit den Rohstoffen. Weil alles Lebende getötet wird, finden wir meist ein Zuviel an synthetisch zugesetzten »Nährstoffen« wie Vitamine, Mengen- und Spurenelemente sowie Fette fragwürdiger Herkunft. Die Bioverfügbarkeit wesentlicher Nährstoffe in frischer Nahrung ist zudem nicht ansatzweise mit jenen synthetischen Zusätzen, wie wir sie im überwiegenden Teil der am Markt befindlichen Fertigfutternahrung finden, vergleichbar. Abgesehen davon finden wir zumeist ein Zuviel an diversen Zusatzstoffen und dies allein ist der Gesundheit abträglich. Obgleich kaltgepresste Trockenfuttersorten gegenüber den industriell produzierten Produkten besser abschneiden, empfehle ich es nicht für Katzen.

Der Dringlichkeit halber betone ich, dass unsere Miezen die drei- bis fünffache Menge Wasser des verspeisten Trockenfutters konsumieren müssten. Das tun unsere Stubentiger nicht. Der Harn wird als Folge sehr konzentriert und das Unglück nimmt seinen Lauf. Unter anderem können Nierenerkrankungen, Harngries, Blasensteine und oder Nierensteine die Folge sein. Meiner Ansicht nach macht Trockenfutter unsere Miezen über kurz oder lang krank. Wie bereits angeführt, beziehen Frau und Herr Katze den Großteil ihres Bedarfs an Feuchtigkeit aus frischer Beute, genauer gesagt aus dem Zellwasser. Immerhin bestehen Zellen zu rund 78 Prozent aus Wasser. Dieses enthält unter anderem alle wichtigen Nährstoffe, Enzyme und Mineralien, die rasch über den kurzen Darm aufgenommen werden können.

Die mittlerweile zahlreichen Allergien, Nahrungsmittelunverträglichkeiten sowie diverse Erkrankungen, die unsere Katzen in der heutigen Zeit quälen, sprechen für mich wahre Bände. Neben der sehr denaturierten sowie dem Verdauungssystem unangemessenen »Nahrung«, ist der Organismus bemüht, die Schadstoffe und Gifte wieder loszuwerden: über die Haut und das Fell, den Darm, über tränende Augen, entzündete Ohren oder über schwerwiegendere Erkrankungen. Hinzu kommt, dass sich bei einer reinen Trockenfutterernährung neben anderen gesundheitlichen Schäden, keine gesunde Darmflora aufbauen kann. Wurde bereits das Muttertier ausschließlich auf diese Art gefüttert, so »übergibt« sie bei der Geburt bereits eine geschädigte Darmflora.

An dieser Stelle möchte ich anmerken, dass nur einer unserer vielen Stubentiger eine Nierenerkrankung entwickelte. Genau jener fraß regelmäßig Trockenfutter und erlegte Zeit seines Lebens so gut wie kein Beutetier. Zumindest nicht vor unseren Augen. Ich erinnere mich an eine Sequenz im Pferdestall, als er gemeinsam mit meiner Hündin vor einer Maus saß und diese lange beobachtete. Da ich mit unserem schwer erkrankten Esel beschäftigt war, merkte ich erst relativ spät, dass beide dieses kleine Beutetier mit ihren Augen verfolgten und auch mal ihre Pfote draufhielten. Natürlich befreite ich so schnell wie möglich die gestresste Maus aus ihrer misslichen Lage. Mehr Interesse an Mäusen zeigte dieser Kater nie. Selbst Vögel weckten kaum seinen Jagdinstinkt oder besser gesagt seinen Killerinstinkt.

Die meisten Katzen mit Freigang fangen glücklicherweise zwischendurch das eine oder andere kleine Beutetier. Darunter fällt zu unserem Leidwesen auch das Erbeuten von Vögeln. Ich gebe zu, dass in diesem Fall bei mir keine Freude aufkommt. Auch wenn uns der Vogelfang der lieben Miezen nicht gefällt, so haben wir uns mit unserer Katze nun einmal ein Raubtier in das Wohnzimmer geholt. Meinen langjährigen Beobachtungen nach erbeuten Katzen überwiegend kleine Nagetiere. Natürlich gibt es auch jene Miezen, die sich (leider) auf Vögel spezialisieren. Das Haus meiner Eltern liegt direkt neben einem Wald und es gibt vor Ort sehr viele Singvögel. Dennoch erbeutete der überwiegende Teil unserer Katzen bevorzugt Mäuse. Allerdings war der Tisch an kleinen Nagern, allein durch die Stallungen, reichlich gedeckt. Unsere besondere Mauserin Sally wanderte sogar auf die Felder, um ihrem Drang nach Mäusefang nachzukommen. Es gibt seit sehr vielen Jahren Diskussionen, inwieweit Katzen Singvögel gefährlich dezimieren oder auch anderen kleinen Beutegreifern Nahrung wegnehmen. Ich persönlich halte davon sehr wenig. dennoch steht es jedem frei, eigene Gedanken anzustellen. Der größte Feind der Singvögel ist nach wie vor der Mensch, nicht zuletzt durch den fleißigen Einsatz diverser Pestizide und anderer Umweltgifte. Die Katzendichte ist sicherlich ein zu berücksichtigender Aspekt. Am Land finden wir vermutlich eine bessere Verteilung als etwa in so manchen Randbezirken einer Großstadt. Zudem werden in der Stadt häufiger Rattenköder ausgelegt und somit vielen Nagern der Garaus gemacht. Wie bereits beschrieben, ist für unsere Samtpfoten die Bewegung eines

Beutetieres der stärkste Auslösereiz für die Jagd. Wenn nun großteils nur noch Vögel vor der Nase herumtanzen, werden Frau und Herr Katze ihre Jagdleidenschaft (leider) an ihnen ausleben.

Die Proteine des rohen frischen Fleisches sind verständlicherweise für echte Fleischfresser weit hochwertiger als jene von gekochtem oder gegartem Fleisch. Einige Tierärzte und Tierernährungsberater meinen sogar, dass gekochtes Fleisch für den Karnivor Katze denaturiert ist und ebenfalls eine tote Nahrung darstellt. Auch meiner Ansicht nach sollte einem derartigen Fleischfresser durch und durch, wie es unsere Samtpfoten sind, frisches rohes Protein angeboten werden. Wenn eine Katze eine Maus vertilgt, frisst sie alles bis auf manche Eingeweide, wie die bitter schmeckende Galle, auf. Manchmal überlässt sie uns auch den Kopf und den Schwanz ihrer Beute. Fell, Federn und Krallen enthalten zwar sehr wohl auch Protein, allerdings ein minderwertigeres und schwer verdauliches Eiweiß. Viele Katzen rupfen den erlegten Vögeln die Federn aus. Wenn nicht, kann manch ein Stubentiger nach dem vollständigen Verzehr eines Vogels ein kleines Unwohlsein zeigen.

Auf den ersten Blick erscheint vielen Menschen die frische natürlich Rohfütterung der Stubentiger, schwierig umsetzbar und kompliziert zu sein. Immerhin erbeuten Samtpfoten unter natürlichen Bedingungen durchschnittlich sechs bis zwölf (manche sogar bis zu sechzehn) Mäuse pro Tag, um ihren Energiebedarf zu decken. Keine Sorge, eine Maus müssen wir nicht nachbauen. Es mag sein, dass die frische rohe Fütterung unserer lieben Samtpfoten insgesamt etwas zeitaufwendiger ist, als Fertignahrung im Supermarkt zu erstehen und den Dosenöffner zu zücken. Allerdings ist es weit weniger eine Wissenschaft, als viele annehmen. Es müssen nicht in jeder Mahlzeit alle Nährstoffe komplett abgedeckt sein, denn auch unsere Stubentiger können Mineralstoffe und Vitamine adäquat speichern und sie bei Bedarf freisetzen. Mit Frischkost ist unser Stubentiger eine Weile beschäftigt und selbst der Spieltrieb wird gestillt, wenn wir beispielsweise Hühnerflügel anbieten. Außerdem sind diese der Zahnhygiene unserer Miezen dienlich. Frische, natürliche Nahrung mit einem hohen Anteil tierischen Proteins entspricht dem spezialisierten Organismus unserer Stubentiger. Zudem ist es bei der Fütterung von rohem Frischfleisch nicht erforderlich, Taurin künstlich zuzuführen. Insbesondere das Herzmuskelfleisch ist reich an dieser für Katzen wichtigen Substanz. Obgleich ich persönlich noch nie Probleme hatte, möchte ich nicht unerwähnt lassen, dass frisches Fleisch Keime und Krankheitserreger enthalten kann. Mit einem Schlachter des Vertrauens treffen wir gewiss eine gute Wahl, um auch dieses Hindernis aus der Welt zu schaffen. Am besten besorgen wir Fleisch in Bioqualität.

Bei voller Berufstätigkeit können wir bezüglich der vielen Mahlzeiten mit frischem Fleisch natürlich an unsere Grenzen geraten. Aufgrund ihrer kleinen Mägen, können unsere Samtpfoten auf einen Schlag nicht viel zu sich nehmen. Nachdem in der Natur alles einen Sinn hat, sind die kleinen Mägen unserer Samtpfoten eine vortreffliche Anpassung an die katzentypische Jagd- und Ernährungsweise.

Falls wir zu Fertigfutterprodukten greifen, gibt es glücklicherweise mittlerweile seriöse Anbieter, die neben einem hochwertigen Alleinfutter auch getrocknete Fleischsnacks in Bioqualität anbieten. Diese Nahrung kann überwiegend online sowie vereinzelt in spezialisierten Läden erworben werden. Es macht durchaus Sinn, sich ein wenig mit den Deklarationen auf Fertigfuttermitteln auseinanderzusetzen. So gilt etwa die Vier-Prozent-Regel, die besagt, dass nur vier Prozent der namensgebenden Zutat enthalten sein muss. Dies lässt die Frage aufkommen, woraus der Rest besteht. Wesentlich ist zudem die Qualität der Rohstoffe und mit welchen Maßnahmen die Nahrung haltbar gemacht wurde. Am besten schauen wir uns ein Unternehmen unseres Vertrauens persönlich an. Eine Volldeklaration wäre wünschenswert, da Substanzen unter einem bestimmten Grenzwert nicht angeführt werden müssen. Auch dies bieten nur wenige Unternehmen an. Bei dem angeführten Proteingehalt sollte es sich um tierische Eiweiße handeln, weil unser Stubentiger pflanzliche nicht verwerten kann. Wenn wir ein Produkt mit hochwertigen Rohstoffen, das unter Sauerstoffabschluss schonend gegart sowie haltbar gemacht wurde, wählen, befinden wir uns bereits auf der sichereren Seite. Da hierbei die meisten Nährstoffe ohnedies erhalten bleiben, müssen sie nicht künstlich zugeführt werden. Es sei nicht zu vergessen, dass ein Zuviel an künstlich zugeführten »Nährstoffen« schädlich ist.

Eine ausgewogene Ernährungsweise trägt dazu bei, Krankheiten wie Übergewicht, Gicht und Diabetes vorzubeugen. Zur Erinnerung betone ich nochmals, dass unser aller Immunsystem keineswegs allein über die Nahrung gestärkt wird. Nicht zu unterschätzende Faktoren sind neben ausreichend Bewegung ein insgesamt glückliches, freudvolles und zufriedenes Leben sowie liebevolle harmonische Beziehungen.

Krankheiten treten überwiegend erst spät offen zutage und zudem leiden Tiere still. Auch aus diesem Grund werden Unwohlsein bis hin zu Schmerzen leider zu oft bagatellisiert. Bereits in den Jahren meiner Tätigkeit im Ambulanzbereich des Tierspitals an der Veterinärmedizinischen Universität Wien wurde ich auf die zahlreichen nierenkranken, an Harngrieß sowie an Blasen- und Nierensteinen leidenden Samtpfoten aufmerksam. Die Zunahme von Schilddrüsenerkrankungen will ich ebenfalls nicht unerwähnt lassen. Für Kater können Kristallbildungen übel ausgehen. Manch einem Stubentiger musste der Penis amputiert werden, weil die Harnsteine zu groß waren, um die Harnröhre zu passieren und diese verstopften. Welche Schmerzen mussten diese Tiere leiden! Bereits damals wunderte ich mich über den seltsamen Kreislauf der Trockenfutterernährung. Wurden die lieben Miezen infolge krank, war die Antwort das Diätfutter. Gesund wurden sie davon allerdings nicht. Wie unser aus dem Tierschutz übernommener Kater, der erst gesundete, als wir ihm die Diätnahrung vorenthielten und seine Ernährung auf überwiegend frische Kost umstellten.

Jeder Katzenhalter kann ein Lied davon singen, wie heikel Samtpfoten sind und dass sie keine abgestandene Nahrung zu sich nehmen. Zudem können sich unsere lieben Stubentiger wahrlich mäkelig bei einer Nahrungsumstellung verhalten. Neben den Futterprägungen scheinen sie oftmals fast süchtig nach diversen Stoffen zu sein, die häufig in industriell hergestellter Fertignahrung zu finden sind. Ohne so mancher Beimengung würden sie vermutlich viele Futtermittel niemals anrühren. Keine Sorge, es gibt einige Tipps und Tricks zur Unterstützung für eine erfolgreiche Umstellung auf naturnahe Ernährung. Anfänglich ist es ratsam, das Fleisch in etwas Öl anzubraten und anschließend unter das herkömmliche Futter zu mischen. Sukzessive wird das Fleisch mehr und die Industrienahrung weniger. Wählen wir eine hochwertige Fertignahrung, können wir dieses ebenfalls langsam unter das herkömmliche Futter mengen. Da wir mit unseren lieben Samtpfoten in Resonanz stehen, sind der Einfluss unserer positiven Einstellung sowie unsere Zuversicht nicht zu unterschätzen. Zudem entpuppen sich unsere Geduld, unser Durchhaltevermögen sowie unser starker Wille, nicht aufzugeben, als äußerst förderliche Faktoren. Wir können uns gedanklich wie emotional möglichst bunt ausmalen, wie unsere Mieze die neue Nahrung mit Freuden verspeist und infolge vital, gesund und aktiv durch das Leben saust. Allerdings müssen wir dies tief in uns spüren. Der Karnivor Katze erkennt oftmals Fleisch nicht mehr als Nahrung, weil ihm schlicht die Erfahrung fehlt. Als neugieriges Gewohnheitstier lässt er dann lieber seine Krallen von dieser Seltsamkeit. Es gibt aber auch jene besonders wissenden Stubentiger, die so manch industriell hergestelltes Fertigfutter nur mit großem Widerwillen verspeisen, mehr daran naschen und sich auf frische natürliche Nahrung regelrecht stürzen.

## Futtersorgen

Unter Ressourcen fasse ich hier alles Nötige für ein artgerechtes Leben zusammen, damit Tiere ihr Nahrungsaufnahme-, Sozial-, Bewegungs- und Ruheverhalten unbesorgt ausleben können. Eine wesentliche Ressource ist etwa der sichere Ruhe- und Rückzugsort, wo unsere Katzen immer zur rechten Zeit am rechten Ort sind. Weitere Beispiele sind unterschiedliche Kratzmöglichkeiten wie der allseits beliebte Kratzbaum, erhöhte Aussichtsplätze (dritte Dimension), alles rund um Beutespiele, unterschiedliche Beschäftigungsmöglichkeiten, ungestörte Toilettenangebote, Nahrung, Wasser und natürlich die sehr wichtige harmonische Beziehung zu ihrem Menschen.

Manch eine Ressource, wie zum Beispiel Nahrung, ist überlebenswichtiger als eine andere und ihr Mangel oder Verlust wird daher als bedrohlicher wahrgenommen. Auch der Mensch ist eine äußerst wichtige Ressource, die nur zu oft geteilt werden muss und selten rund um die Uhr zur freien Verfügung steht.

Zudem hat jedes Lebewesen ein Grundbedürfnis nach Sicherheit. Für Stubentiger ist unter anderem ein umfangreiches sowie den individuellen Bedürfnissen entsprechendes Ressourcenangebot erforderlich, um diesen Bedarf stillen zu können. Meines Erachtens nach finden sich hier durchaus Parallelen zu Homo sapiens. Zudem vermittelt Kontrolle unseren Samtpfoten ebenfalls ein Gefühl der Sicherheit, weil alles ein wenig vorhersehbarer zu sein scheint.

Nicht verwunderlich, denn jede Samtpfote ist allein für ihren Selbsterhalt verantwortlich. Niemand sonst begleitet sie auf die Jagd oder hilft ihr, das Revier zu verteidigen. Kein Wunder also, dass Katzen sich gar rasch besorgt fühlen können. Die Sorge vor Verlust ihrer Ressourcen ist tief in ihr verankert. Leben mehrere Miezen unter einem Dach, müssen sich unsere Stubentiger häufig die vorhandenen Ressourcen teilen und dies liegt nicht wirklich in ihrer Natur. Zudem ist der freie ungehinderte Zugang zu allen Ressourcen fundamental für ein entspanntes Katzenleben. Insbesondere bei Raumbeschränkungen wie bei einer reinen Wohnungshaltung verläuft das Zusammenleben einer größeren Katzengruppe selten gänzlich stressfrei. Häufig wird eine Samtpfote zu einem »Symptomträger« der Ungereimtheiten bis Disharmonien der Katzengruppe, indem sie unsauber wird oder zu markieren beginnt. Unserem menschlichen Empfinden nach handelt es sich hierbei um plötzliche Veränderungen. Allerdings haben sich die lieben Miezen bereits im Vorfeld untereinander viel mitgeteilt, was unserem menschlichen Auge schlicht entgangen ist. Zudem reicht bereits eine zu hohe Katzendichte auf zu kleinem Raum aus, um Besorgnis und Stress auf den Plan zu rufen. Für uns Menschen ist es oft schwer nachvollziehbar bis unverständlich, dass Katzen rasch um ihre Ressourcen besorgt sein können. Wenn diese Besorgnis einmal in einer Katze ausgelöst wurde, beruhigt es sie, etwas zu unternehmen, um ihre Ressourcen wie etwa Nahrung, zu sichern. So, wie sie es in der freien Wildbahn handhaben würde und wie es ihre Ahnen taten. Nicht zuletzt, weil Stubentiger zur Psychosomatik neigen, sollten wir Miezes Besorgnis und Stress nicht auf die leichte Schulter nehmen.

Unter natürlichen Bedingungen nehmen Katzen viele kleine Mahlzeiten am Tag zu sich. Die Beutetiere unserer Stubentiger sind klein und entsprechend besitzen sie kleine Mägen. Sie können leicht zwischen sechs und zwölf Mäuse am Tag verspeisen. Kein Wunder also, dass Frau und Herr Katze in eine Art »Futterstress« geraten, wenn das Angebot in ihren Augen mangelhaft oder zu viel Konkurrenz anwesend ist. Stoffwechselbedingt dürfen unsere Stubentiger zudem nicht zu lange hungern. Dies bezieht sich auf eine absolute Nahrungskarenz und ist katzenspezifisch. Der Richtwert liegt bei vierundzwanzig Stunden, insbesondere gilt dies für übergewichtige Miezen. Bedingt durch die Kombination des hohen Proteinanteils der Nahrung und den speziellen Stoffwechselprozessen der Leber einer Katze, kann ein zu langer Nahrungsentzug zu einer schweren Erkrankung und bis zum Tode der Vierbeiner führen. Eine aus diesem Grund erkrankte Mieze übernahm meine Mutter. Wie ein Wunder erholte sich das Kätzchen, wurde aber nie ganz gesund.

Direkte Auseinandersetzungen um das Futter sind selten. Das liegt einerseits daran, dass erwachsene Katzen ihre Beute allein jagen, erlegen und verspeisen. Andererseits kann sich bezüglich der Nahrungsaufnahme unter den Miezen des gemeinsamen Haushaltes eine absolute Rangordnung einstellen. Dennoch vertreiben nicht selten die frechen Jungspunde ihre Artgenossen von ihren Futterschüsseln. Da es Futterneid in dem Sinn unter Katzen nicht gibt, lassen sich sensiblere Geschöpfe rasch von ihrem Teller verjagen. Genervt ziehen sie sich zurück. Dem ist Einhalt zu gebieten. Eine entspannte Nahrungsaufnahme ist für das Wohlgefühl von Mensch und Tier essentiell.

Viele Katzenhalter kennen die reichen Geschenke ihrer Stubentiger in Form von frisch erlegter Beute. Laut und unmissverständlich miauend werden sie uns am Morgen ans Bett geliefert, um anschließend genussvoll verspeist zu werden. Wir dürfen Frau und Herr Katze mit unserem Lob überschütten und als kleines Dankeschön überlassen sie uns die Galle, eventuell noch weitere Eingeweide sowie manchmal den Kopf und den Schwanz der Maus. Etwas unangenehmer wird es, wenn uns die lieben Miezen ihre Geschenke lebendig bringen. Unzählige Mäuse durften wir bereits fangen, weil sich diese natürlich äußerst rasch und geschickt hinter dem nächsten Bücherschrank verschanzten. Das Leben mit Katzen wird eindeutig nie langweilig.

Da Fressen aus Katzensicht überlebensnotwendig ist, kommen auch weniger gut befreundete Katzen an einem gefüllten Futternapf zusammen. Egal, wie sehr sie die Situation stresst. Bei der Wasseraufnahme sieht die Lage gänzlich anders aus. Als ursprüngliches Wüstentier (die afrikanische »Falbkatze« gilt als Stammmutter) ist der innere Drang der Katze zu trinken gering ausgeprägt. Bei Spannungen innerhalb einer Katzengruppe und oder bei ungenügendem Wasserangebot verzichten unsere Vierbeiner auf ausreichend Flüssigkeitszufuhr. Dies kann gesundheitsschädliche Folgen nach sich ziehen. Daher ist auf mehrere Wasserstellen im Haushalt zu achten und diese sollten bitte nicht direkt neben ihrer Nahrung positioniert werden. Katzen lehnen Wasser neben der Futterstelle großteils ab, denn in der Natur könnte dieses durch die Beute verunreinigt worden sein.

Die Vorlieben sind individuell, manche Miezen lieben frisches Wasser am besten direkt aus dem Wasserhahn und andere das abgestandene Wasser aus einer Gießkanne oder einem Aquarium. Daher sollten wir nie mit Dünger versetztes Blumenwasser offen stehen lassen. Trinkbrunnen werden von vielen Stubentigern angenommen, andere wiederum lehnen sie ab. Damit die empfindlichen Schnurrhaare unserer Katze nicht nass werden, sollten wir keine zu tiefen Schalen für das Wasser wählen. Wenn mich die vielen wunderbaren Stubentiger in meinem Leben etwas lehrten, dann, dass Ausnahmen die Regel bestätigen. Keine Katze gleicht auch nur annähernd einer anderen.

## Katzenprinzessin »Lilly« und der Bilch

Eine recht amüsante Episode ergab sich bei einer der letzten Besuche in meiner alten Heimat. Seit einigen Jahren haben sich Bilche (Siebenschläfer) im Gebälk meines Elternhauses einquartiert, das zu einem großen Prozentsatz aus Holz besteht. Da die Außenwände in weiten Teilen von Efeu bewachsen sind, gelangen die lieben Wichte vom Haus fast direkt in den angrenzenden Wald und wieder zurück. Ab und an verirrt sich ein Siebenschläfer über den Efeu und durch ein geöffnetes Fenster in den weitläufigen Wohnbereich.

Eines Abends saß mein Vater gemütlich mit Katze Lilly vor dem Fernseher, als plötzlich ein kleiner Siebenschläfer auf der Bildfläche erschien. So schnell konnte mein Vater gar nicht schauen, wie Lilly aus dem Tiefschlaf hochschoss und schnurstracks den Wicht verfolgte. Mein Vater, gut trainiert in Sachen Tierrettung, sprang auf und stürmte hinterher – allen voran der Bilch, gefolgt von Lilly. Zum Glück war der kleine Siebenschläfer geschwinder und flüchtete sich auf den nächsten Vorhang im Wohnzimmer am anderen Ende des Hauses. Allerdings krallte er sich in seiner Panik dermaßen fest, dass wir ihn nicht dazu brachten, wieder herunterzuklettern. Katzenprinzessin Lilly nahmen wir das Jagdvergnügen und brachten sie vorübergehend zum Schutz des Bilches in einen der Nebenräume. Allerdings war sie zu diesem Zeitpunkt bereits recht betagt und auch nicht mehr im Besitz all ihrer Zähne. Ob sie bei der Jagd erfolgreich gewesen wäre, steht daher in den Sternen. Zu guter Letzt öffneten wir eines der sehr großen Fenster, ließen den Vorhang hinaushängen und warteten ab. Nach einigen Stunden der Ruhe kletterte der kleine Kerl hinunter, entschwand durch das Fenster und brachte sich behände über den Efeu in Sicherheit. Eine der vielen Episoden aus dem Hause Söllner.

# 7. Jagdfieber

Durch die domestikationsbedingte »Verjugendlichung« bleiben unsere Hauskatzen großteils bis ins hohe Alter spielfreudig.

In der vergleichenden Verhaltensforschung (Ethologie) wird Spielverhalten als ein »Verhalten ohne Ernstbezug« beschrieben. Dementsprechend müssen die verschiedenen Verhaltenssequenzen im Augenblick des Spiels, nicht die biologische Funktion erfüllen und sind zudem frei kombinierbar. Die einzelnen Verhaltensweisen erscheinen teilweise übertrieben, werden mit mehr Kraft, Intensität und einer höheren Geschwindigkeit ausgeübt. Typisch ist zum Beispiel der Rollenwechsel. Sie selbst können verschiedene Rollen einnehmen – es sind die gleichen Rollen, die auch Ihre Katze spielen kann wie beispielsweise der oder die Gejagte. Zu einem Partnerspiel gehören jedoch immer zwei. Es müssen beide wollen, sonst ist es kein Spiel mehr.

Das Spiel muss für unsere Miezen einen biologischen Wert besitzen, da es gefährlich und energieraubend ist. Zudem besteht ein positiver Zusammenhang zwischen Spiel, Entwicklung und Wachstum. Dementsprechend wird unter anderem im Spiel das Muskelwachstum unserer kleinen Samtpfoten gefördert. Des Weiteren werden Reifungsprozesse in den Sinnesorganen sowie im Nervensystem positiv beeinflusst. Nicht zuletzt werden soziale Rollen geübt, die soziale Kommunikation verbessert und trainiert sowie die Kontrolle über das eigene aggressive Verhalten geübt.

Ab der Pubertät bevorzugen Kätzinnen Objektspiele und Kater Kampfspiele. Unter Objektspielen verstehen wir das Spiel mit leblosen Dingen und Gegenständen. Im Kampfspiel hingegen können Kater im geschützten sicheren Rahmen des

Spiels ihre Kräfte aneinander messen und ihre Fähigkeiten testen, schulen und verbessern. Die einzelnen Handlungselemente sind einem Kampf zwar durchaus ähnlich, aber nicht völlig ident. Im Schutz des Spielverhaltens kann zwischen freundlichem und aggressivem Verhalten gewechselt werden. Durch das unterschiedliche Spielverhalten sind die meisten Damen von Katern rasch genervt.

Die Möglichkeit zu sozialem Spiel ist für beide Geschlechter überaus wichtig, um soziale Kompetenzen zu erwerben. Verhaltensweisen reifen heran und im Zuge des Spielens werden diese verfeinert und trainiert. Kurzum: Das Spiel nimmt eine wesentliche Rolle im Prozess der Sozialisation ein.

- Das soziale Spiel folgt bestimmten Kriterien.
- Es wird leise gespielt, nur selten gefaucht.
- Es gibt keine oder nur minimale Verletzungen.
- Es gibt nur kurze oder gar keine Phasen von Meideverhalten.
- Die Rollen sind flexibel und wechseln.
- Die Stimmung ist freundlich mit positiven Emotionen.
- Treten negative Emotionen in Erscheinung, ist es kein Spiel mehr.
- Beide Katzen initiieren abwechselnd das Spiel.
- Zum Spielen gehören immer zwei – beide müssen wollen.

Das soziale Spiel mit dem Menschen sollte sowohl zum Schutz des Stubentigers als auch des Tierhalters nie zu grob ausfallen. Insbesondere von einem Spiel mit der bloßen Hand ist abzuraten, sei das Katzenbaby auch noch so verlockend süß. Irgendwann ist es groß und versteht nicht, warum es jetzt nicht mehr seine Krallen und seine Zähne in seinem Menschen verewigen darf. Da zu wildes, heftiges Spiel auf längere Frist nicht dem natürlichen Spielverhalten unserer Samtpfoten entspricht, kann es unser Kätzchen stressen. Grundsätzlich ist Spielen äußerst gesundheits- wie entwicklungsförderlich, erzeugt viele positive Emotionen und sollte daher ausnahmslos jeder Samtpfote gegönnt sein.

Falls sich unser Stubentiger doch einmal zu sehr hineinsteigert und zu unkontrolliert grob wird, ist es wichtig, das Spiel kurz mit einer kleinen Warnung wie einem lauten »Au« oder »Hey« zu unterbrechen. Das Spiel wird kurzzeitig abgebrochen, es gibt eine Art »Time-out«. Anschließend ignorieren wir die liebe Samtpfote für etwa dreißig bis sechzig Sekunden, beziehungsweise so lange, bis sie wieder ruhiger und selbstkontrollierter ist. Dies soll keineswegs einer Bestrafung gleichkommen. Es geht vielmehr darum, dass unsere Samtpfote kurz innehält, zu sich kommt und merkt, dass etwas nicht in Ordnung war. In hartnäckigen Fällen empfiehlt es sich vorübergehend, in Ruhe den Raum zu verlassen und die liebe Mieze für einige Augenblicke zu ignorieren. Danach kann das Spiel von Neuem beginnen.


*In der Ruhe liegt die Kraft*

Das für uns langweilig anmutende Belauern zählt aus Katzensicht bereits zur Jagd. Unsere Stubentiger sind im Gegensatz zu Hunden keine Hetzjäger, sondern Ansitz- und Lauerjäger mit viel Ausdauer, Geduld und Geschick. Gemeint sind unsere Hauskatzen und nicht Großkatzen wie etwa der Gepard. Das Beschleichen und Belauern der Beute bedeutet für unsere Samtpfoten einen weit größeren Zeit- und Energieaufwand, als die darauffolgenden Sequenzen des Fangens und Tötens.

*Die Mäusejagd in 5 Schritten*
  1. wahrnehmen, belauern, anstarren
  2. beschleichen, lauern, jagen
  3. anspringen, zufassen

4. Tötungsbiss (zeigen nicht alle Katzen, kann sich bei jahrelanger Nichtanwendung zurückbilden)
5. eventuell umhertragen, berupfen, wegschleudern

Häufig wird die Beute fortgetragen, um sie an einem ruhigen Ort zu verspeisen. Viele Katzen beschenken uns lautstark mit ihrem frisch erlegten Fang. Manche Katzen spielen mit ihrer Beute, lebendig oder tot.

Zur Veranschaulichung eine Geschichte über die bereits verstorbene Mäusefangspezialisitin Sally: Sie vermochte zehn bis sechzehn Mäuse an einem Tag zu erlegen. Stunden über Stunden verbrachte sie vor den Mäuselöchern am nahegelegenen Feld und lauschte dem Trippeln der Mäusefüßchen unter der Erde. Zack, mit einem gezielten Pfotenhieb gefolgt von einem Biss, war die Beute erlegt. Meistens zumindest. Manchmal brachte sie auch voller Stolz die lebende Maus, nicht ganz zu meinem Wohlgefallen. Insbesondere mein Vater wurde reichlich beschenkt und musste sie immer loben, wenn sie miauend mit der Maus im Maul die Treppen hochkam, um ihren Fang vor seinem Bett zu drapieren. »Gute Sally, feine Sally«, waren die Stichworte für sie, um die Maus mit Haut und Haar zu verschlingen. Die Galle wurde aufgrund ihres bitteren Geschmacks geflissentlich übergelassen. Ab und an blieben andere Teile der Eingeweide sowie Kopf und Schwanz ihrer Beute übrig. Eines schönen Tages legte sie meiner Mutter eine Rose vor die Füße. Vermutlich war die Maus entwischt und die bei der Jagd irrtümlich miterbeutete Rose blieb in ihrem Maul zurück. Natürlich war ich nicht erfreut, unzählige Male über die Überreste einer Maus zu stolpern. Dies gehört zum Leben mit einem Beutegreifer aber nun mal dazu.

*Die beliebtesten Spiele*

Das wesentlichste und wichtigste Spiel im Leben unseres Beutegreifers ist das interaktive Durchspielen der Sequenzen eines Jagdablaufes. Nur hier kann unser Stubentiger sein wahres Katzenwesen voll und ganz ausleben.

Bei unseren Miezen lassen sich theoretisch drei Beutefangspiele voneinander unterscheiden. In der Praxis finden wir allerdings häufig Mischformen.

Natürlich erkennen unsere Stubentiger den Unterschied zwischen Beuteattrappe im Spiel und echter Beute. Nichtsdestoweniger wichtig ist für unsere Samtpfoten, insbesondere bei reiner Wohnungshaltung, dass wir regelmäßig die unterschiedlichen Sequenzen der Jagd mit ihnen durchspielen. Gerade hier können sie ihre aufgestauten Energien abbauen, alle Elemente der Jagd frei durchleben und schlicht Raubtier sein. Wer Katzen bereits bei der echten Jagd beobachten konnte, versteht, wie wichtig es für unsere Miezen ist, regelmäßig Beutegreifer sein zu können. Stubentiger lieben es zu jagen und Strategien zu entwickeln, um sich einiges wie Anspannung oder Stress von der Katzenseele spielen zu können.

Katzen verschlafen einen Großteil des Tages, da sie bevorzugt dämmerungs- bis nachtaktive Tiere sind. Die besten Spielzeiten sind daher am Morgen und am Abend. Unsere lieben Stubentiger merken sich fixe Spielzeiten und fordern sie durchaus ein. Ein strukturierter sowie ritualisierter Alltag wirkt sich zudem positiv auf das Sicherheitsbedürfnis unserer Miezen aus.

»Meine Katze spielt nicht« – diese Aussage höre ich häufig von Katzenhaltern. Ein paar Auslösereize und der Beutegreifer in unserem Schnurrmonster erwacht zum Leben. Bei den einen mehr, bei den anderen weniger. In bester Erinnerung ist mir ein bereits neunzehnjähriger Kater, der blitzschnell meine an einem Bindfaden befindliche ruckelnde Fellmaus erbeutete. Unsere hauseigenen Katzen versuchten noch zahnlos, Mäuse zu fangen, was dann eher einem Ablutschen glich.

Bei den wichtigen Jagdspielen übernimmt der Mensch mit dem Spielobjekt die Beuterolle. Sehr beliebt sind Spielangeln oder auch das simple »Mausfangspiel«, bei dem wir die ruckartigen, unberechenbaren Bewegungen des Beutetieres mit einer an einer Schnur befestigten kleinen Fellmaus nachahmen. In diesem interaktiven Spiel mit unserer Samtpfote werden wir praktisch vorübergehend zur Maus oder zum Vogel.

Bestimmte Auslösereize, allen voran die Bewegung der jeweiligen Beute, haben Signalwirkung und die Ohren, die Schnurrhaare und der Schwanz beginnen zu zucken. Zudem erregen gewisse Geräusche wie das Trippeln von Mäusefüßchen die Aufmerksamkeit von Frau und Herr Katze. Wie die echte Beute muss sich auch unsere Attrappe immer von der Katze wegbewegen, sonst bleibt sie uninteressant. Welches Beutetier läuft schon seinem Angreifer entgegen? Wir wedeln, ruckeln und zucken mit der Fellmaus. Da sich Beutetiere verstecken, lassen wir unsere Attrappe einmal hinter einem Schrank, unter dem Handtuch, in einer Schachtel, unter Papierbergen oder hinter einem Mauervorsprung verschwinden, um sie dann plötzlich aus dem Versteck zu ziehen, ehe sie wieder das Weite sucht. Ebenso sollten Frau und Herr Katze die Möglichkeit haben, sich zu verstecken. Zwar sitzen Katzen auch auf offenem Felde vor einem Mauseloch, haben sie allerdings die Wahl, lauern sie bevorzugt geschützt ihrem Opfer auf. Auf diese Weise werden sie weniger leicht entdeckt und die Wahrscheinlichkeit, selbst zur Beute zu werden, ist geringer. Katzen verfügen über ein unglaublich feines Gehör und nehmen jedes Piepsen der Maus wahr. Wir dürfen daher auch gerne piepsende, raschelnde oder trippelnde Geräusche in unser Spiel einbauen. Da Katzen einerseits gerne Strategien bei der Jagd entwickeln und andererseits im Spiel die jeweiligen Sequenzen frei kombinierbar sind, sowie neu aneinandergereiht werden können, ist das Anschleichen nicht immer durchgehend zu sehen. Unsere Miezen sind gerne kreativ.

Katzen sind Einzeljäger und erjagen kleine Beute. Daher lassen sie sich beim Durchspielen eines Jagdablaufes von der Anwesenheit eines Artgenossen schnell irritieren und unterbrechen oder verweigern meist das interaktive Spiel. Stubentiger wollen grundsätzlich nicht gezielt beobachtet oder angestarrt werden. Starren wir Samtpfoten direkt an, unterbrechen sie meistens ihre jeweilige Handlung. Wir respektieren diese kätzische Eigenheit und spielen daher jeweils immer nur mit einer Mieze die Sequenzen eines Jagdablaufes durch. Der vierbeinige Kumpan darf in einem anderen Zimmer warten. Dies gilt insbesondere für unsichere introvertierte Schnurrmonster. Auch wenn extrovertierte, selbstbewusste und souveräne Stubentiger einen Zaungast zulassen, sollte auch mit ihnen unter vier Augen gespielt werden.

In diesem Sinn beginnen wir mit der aktiven, extrovertierten und selbstbewussten Samtpfote, die auf diese Weise ihre aufgestauten Energien kanalisieren und abbauen kann. Bei der introvertierten, schüchternen und unsicheren Katze wird durch das jagdliche Spiel mit uns das Selbstvertrauen gestärkt. Lebt eine Katze in Dauerstress, wie etwa in einer disharmonischen Katzengruppe, oder wird sie gemobbt, hilft die interaktive Jagd, Stress abzubauen. Sie geht gestärkter daraus hervor. Zudem wird die Bindung zwischen Mensch und Katze gefestigt. Ich bezeichne das interaktive Jagdspiel als »Psychohygiene« für den Beutegreifer Katze.

Anders, wenn es darum geht, die Beziehung zwischen Katzen über positive Assoziationen verbessern zu wollen. Da Angst und Aggression mit Spiel nicht gleichzeitig möglich sind, spielen wir wachen Auges mit beiden Miezen gleichzeitig. Die durch das Spiel erzeugten guten Gefühle werden mit dem anwesenden Artgenossen verknüpft. Ein Beispiel ist das Spiel mit zwei Fellmäusen oder Spielangeln, wobei wir hier geschickt vorgehen müssen. Bestückt mit jeweils einer Angel oder einer Fellmaus in der rechten und in der linken Hand, bespielen wir unsere Miezen rechts und links von uns. Ebenso können wir kleine Bälle oder getrocknete Fleischstückchen in unterschiedliche Richtungen über den Boden rollen lassen. Auch in diesem Fall dürfen wir unsere Miezen genau beobachten, auf ihr feines Ausdrucksverhalten achten und genau hinspüren, um Rivalität oder Konkurrenzverhalten im Keim zu erkennen und das Spiel rechtzeitig zu beenden.

Wir machen unser Raubtier Katze glücklich, wenn wir ein bis zweimal täglich, jeweils rund fünfzehn bis dreißig Minuten (insgesamt etwa eine Stunde pro Tag), einen Jagdablauf mit ihr durchspielen. Das interaktive Spiel sowie andere Beschäftigungen werden natürlich an die jeweiligen tierischen Befindlichkeiten und Bedürfnisse angepasst.

Ein plötzlicher Spielabbruch auf hohem Erregungsniveau steigert bei jedem Stubentiger die Frustration, bedeutet folglich Stress und hat Konsequenzen. Aus diesem Grund ist es wichtig, das Spiel im letzten Drittel zu verlangsamen und herunterzufahren. Der Sinn liegt darin, unsere Mieze nicht hoch gepusht auf einem erhöhten Erregungsniveau zurückzulassen. Die Bewegungen unserer Attrappe werden allmählich schwächer und zu guter Letzt lassen wir unsere Samtpfote das Beutetier fangen, davontragen und oder »töten«.

Das gemeinsame Durchspielen ganzer Sequenzen der Jagd hilft:
- gegen Langeweile,
- fördert den Stressabbau,
- wirkt Energie kanalisierend und hilft, aufgestaute Energien abzubauen,
- wirkt bindungs- und beziehungsfördernd,
- stärkt das Band des Vertrauens, selbst nach schweren Beschädigungen,
- stärkt insbesondere die schüchterne, unsichere Katze
- entspricht dem Drang der Katze Strategien bei der Jagd zu entwickeln,

- ist »die« Möglichkeit, das wahre Katzenwesen als Beutegreifer auszuleben und
- tut Körper, Geist und Seele gut.

Das Spiel mit beispielsweise dem Laserpointer muss immer mit Bedacht eingesetzt werden und ist bei ohnedies gestressten bis hin zu hyperaktiven Miezen nicht förderlich. Zudem fehlt das Erfolgserlebnis, eine Beute erlegt zu haben, und das hat wiederum Frustration und somit Stress zur Folge. Wenn mit dem Laserpointer gespielt wird, dann bitte mit Vorsicht. Dies bedeutet, dass in der Mitte des Spieles, also nach ein paar Minuten, in ruhigere Jagdsequenzen, wie etwa mit einer an einem Bindfaden befestigten Fellmaus, gewechselt wird. Zuletzt erhält unser Stubentiger eine Beute, am besten in Form eines leckeren Happens. Bei unsachgemäßer Anwendung des Laserpointers können wir uns eine frustrierte, gestresste und hyperaktive Samtpfote erziehen. Wo soll unsere Mieze mit diesen inneren Spannungen und ihrer Frustration hin? Sie muss ein Ventil finden und sei es, dass sie sich an einem nichts ahnenden Artgenossen abreagiert. Bewegungsfaule und etwas übergewichtige Katzen lassen sich mit dem Laserpointer gut motivieren. Hier findet er einen sinnvollen Einsatz, sofern die erwähnten Regeln eingehalten werden.

Manche Stubentiger erfreuen sich zudem an Apportierspielen mit ihrem Menschen. Die Katzen selbst zeigen uns ihre Präferenzen in Sachen Jagd und Spiel. Ebenso beim Apportieren. Wir lehren die Miezen nicht zu spielen, sie bringen von selbst den Ball oder die Fellmaus und fordern uns auf, ihr Spielzeug zu werfen. Wieder und wieder bringen sie es, damit wir das lustige Spiel fortsetzen. Sofern unsere Mieze nicht von selbst die Aktivität beendet, dürfen wir auch hier das Spiel langsam herunterfahren und mit einem Leckerbissen beenden.

*Katzenspielzeug – die Qual der Wahl?*

Neben einem unüberschaubaren Angebot im Handel können wir und unsere Miezen jede Menge spannende Utensilien im eigenen Haushalt entdecken. Allerdings ist hier immer auf die rechte Auswahl der Spielsachen zu achten. Insbesondere bei jungen und noch sehr verspielten Kätzchen ist Obacht geboten. Haben Samtpfoten die Möglichkeit, ihr Raubtiernaturell in der Natur auszuleben, werden sie dies auch tun.

Es ist sinnvoll, Spielzeug für unsere Miezen offen in der Wohnung liegen zu lassen. Jedoch sollte dieses in regelmäßigen Abständen ausgetauscht werden, damit Frau und Herrn Katze nicht langweilig wird. Leben wir mit mehreren Katzen unter einem Dach ist es zudem wichtig, die Spiele – wie alle anderen Ressourcen – zu streuen und nicht nur in einem Zimmer zentriert darzubieten. Insbesondere in disharmonischen Katzengruppen ist darauf Rücksicht zu nehmen, um weitere Missklänge und Stress zu verhindern. Sehr wohl können wir das gemeinsame Spiel gezielt für eine Verbesserung der Beziehungen zwischen den lieben Miezen einsetzen. Parallel dürfen wir weiterhin mit jeder Mieze getrennt, ganz ihrem Einzeljägerwesen entsprechend, Jagdabläufe durchspielen. Wegen der Verschluckgefahr sollten Modelle mit Schnüren oder Federn gut verstaut sein und nur in unserem Beisein zur Verfügung stehen. Hierbei erinnere ich mich an meine früheren Wollberge, die unserer Kätzchen immer wieder in Verzückung brachten. Damals wusste ich vielleicht weniger über die Gefahren, war allerdings grundsätzlich sehr aufmerksam. Wie bereits erwähnt, haben Katzen in puncto Spiel und Jagd ihre Präferenzen. Unsere Mieze selbst weist uns den Weg, was ihrer Katzenseele am meisten Wohlgefallen, Freude und Spaß schenkt.

Mit einer kleinen, an einen Bindfaden gebundenen Fellmaus, kann fast jede Katze in wahres Verzücken versetzt werden. Da ich eine Freundin der einfachen Lösungen bin, lande ich immer wieder bei besagter Fellmaus. Vielleicht hat sich schon einmal ein Wollfaden oder eine Schnur an Ihnen verheddert? Häufig nimmt unser Stubentiger dies als Chance für eine wilde Jagd nach einer vermeintlichen Beute wahr. Auf diese einfache Art kann gezielt ein Bindfaden (eventuell inklusive einer kleinen Fellmaus am Ende) am Knöchel befestigt werden, während dem Hausputz nachgegangen wird. Hier ergeben sich automatisch ruckende Bewegungen und so manch Stubentiger findet Gefallen an dieser Darbietung. Natürlich werden auch Spielangeln von fast allen Katzen willkommen geheißen. Ein simpler Tischtennisball, der übers Parkett rollt, kann ebenfalls große Freude bereiten.

Insbesondere bei reiner Wohnungshaltung und wenn Frau und Herr Katze durch unsere Berufstätigkeit viel Zeit des Tages allein verbringen, ist auf ein abwechslungsreiches Angebot zu achten. Unserer Kreativität und Fantasie sind hierbei keine Grenzen gesetzt. Zudem entdecken unsere Miezen oftmals selbst interessante Spielobjekte im Haushalt. Kater bevorzugen im Allgemeinen Kampfspiele und Kätzinnen Objektspiele. Das dürfen wir natürlich berücksichtigen. Eine gute Auswahl umfasst solitäre Spiele ebenso wie Beschäftigungsmöglichkeiten, die unsere Stubentiger auf Wunsch auch mit Artgenossen ausführen können. Nicht zu vergessen das interaktive Spiel mit uns.

Solitäre Spiele gibt es in Form von lebloser »Beute« oder als batteriebetriebene Exemplare, die für Abwechslung im Katzenalltag sorgen. Allerdings werden sie von vielen unserer Samtpfoten relativ rasch als langweilig empfunden. Vermutlich sind sie zu leicht zu durchschauen und bieten daher zu wenig Herausforderung für unsere klugen Stubentiger.

Außerdem können verschiedene »Snackspielzeuge« das Alleinsein erfrischen und gleichzeitig die kleinen Mägen unserer Miezen füllen. Mit einfachen Mitteln lässt sich relativ rasch einiges basteln. Zum Beispiel kleben wir auf einen simplen Karton einen leeren Eierbecher und andere Minibehälter und befüllen diese mit kleinen Futterstückchen.

Unsere Miezen werden mit ihren geschickten Pfoten die Minihappen herausangeln und verspeisen. Hierbei handelt es sich um Beschäftigungsmöglichkeiten, die unsere Miezen allein oder gemeinschaftlich nutzen können. Ebenso, wenn wir eine Schale mit Tischtennisbällen aufstellen und ein paar getrocknete Fleischstückchen hineinfallen lassen. Auch hier werden Frau und Herr Katze eifrig darum bemüht sein, die Gusto-Stückchen herauszufischen.

Eine weitere Variante der Beschäftigung wäre, kleine Futterstückchen an verschiedenen Stellen der Wohnung zu platzieren und unsere Mieze darf diese suchen und finden. Beim ersten Mal sollten vor ihrer Nase die Futterbrocken positionieren werden, damit sie für die Folgeeinheiten weiß, worum es überhaupt geht. Auf diese einfache Art und Weise sind Frau und Herr Katze in Bewegung und dürfen gleichzeitig ein wenig ihr Näschen und ihr Hirn strapazieren. Das hierfür verwendete Futter ist allerdings von den fixen Mahlzeiten abzuziehen, damit die geliebte Samtpfote nicht unnötig an Gewicht zulegt.

# 8. Verreisen mit meiner Katze – geht das?

Als neugierige Gewohnheitstiere eignen sich unsere Stubentiger im Allgemeinen nicht besonders gut dafür, auf Reisen zu gehen. Da Ausnahmen immer die Regel bestätigen und auch in diesem Punkt viel von der individuellen Ausstattung unserer Mieze abhängig ist, begegneten mir in meiner Praxis durchaus auch einige wenige »Reisekatzen«.

Diese Stubentiger waren das regelmäßige Verreisen von Kindespfoten an gewöhnt. Nebst ihrem Wesen und Charakter ist dies ein sehr wesentlicher Faktor. Selbstbewusste, extrovertierte und souveräne Miezen sind weit besser geeignet als schüchterne, ängstliche und rasch besorgte Vierbeiner.

Wichtig sind hierbei Katzenkorb oder Transportbox. Diese müssen unbedingt bereits vor dem Antritt der ersten Reise positiv besetzt sein. Der Korb sollte eine persönliche Rückzugsoase und Ruhepol für die Mieze sein. Frau und Herr Katze sollten sich immer und überall in ihrer Box geschützt, sicher und geborgen fühlen. Da der Katzenkorb bereits im normalen Alltag integriert und zur sicheren Rückzugshöhle wird, fühlen sie sich auch unterwegs darin sicher.

Es liegt also durchaus im Bereich des Möglichen, mit Katzen zu verreisen. Die Mehrheit unserer Samtpfoten schätzen dies aber weniger, weswegen ich nicht zu behaupten wage, dass selbst trainierte Stubentiger auf Reisen keinerlei Stress durchleben. Vorsicht ist vor Reizüberflutung geboten. Es ist ratsam, den Katzenkorb ein wenig abzudecken, damit sich Frau und Herr Katze noch geschützter fühlen.

Zusätzlich können Pheromone und Bachblüten leicht entspannend wirken und das allgemeine Wohlgefühl fördern.

*Wohin mit der lieben Mieze, wenn wir verreisen?*

Da sich Katzen in der gewohnten, vertrauen Umgebung am wohlsten und sichersten fühlen, empfehle ich, sie in ihrem Zuhause zu belassen und sich rechtzeitig nach einem zuverlässigen Katzensitter umzusehen. Im Idealfall erklärt sich ein bereits den Katzen vertrauter Freund, eine Freundin oder ein Nachbar, eine Nachbarin bereit, zweimal täglich nach unseren Miezen zu sehen. Es hilft unseren Schnurrmonstern, wenn Rituale (zum Beispiel Fütterungszeiten) auch während unserer Abwesenheit zumindest einigermaßen fortgesetzt werden. Sehr wichtig sind neben der Fütterung die soziale Ansprache, Streicheleinheiten und ein paar jagdliche Spieleinlagen. Die sorgfältige Reinigung der Katzentoilette ist natürlich nicht zu vergessen. Die meisten Katzen sind durch die Abwesenheit ihrer Bezugspersonen schwer irritiert bis gestresst. Mit anderen Worten: *Die besorgte Katze.* Wir können ihnen mit Bachblüten und künstlichen Pheromonen helfen. Da Katzen äußerst spürende Geschöpfe sind und leicht die Stimmungen von uns Menschen übernehmen, präparieren wir einige Tage vor unserer Abreise die Wohnung mit besagten Pheromonen. Die Bachblüten verabreichen wir ihnen ebenfalls bereits im Vorfeld. Der Katzensitter, die Katzensitterin sollte nicht nur eine bereits vertraute, sondern am besten auch eine ruhige und entspannte Person sein. In der Urlaubszeit werden viele Katzen stressbedingt unsauber. Einmal mehr erkennen wir, wie wichtig wir Menschen für unsere Miezen sind.

Kommen wir wieder heim und unsere Katze ignoriert uns, geben wir ihr einerseits die Zeit, die sie braucht, und andererseits machen wir ihr verführerische Angebote. Wichtig ist, ruhig mit ihr zu reden. In der Ruhe liegt die Kraft. Ein paar besondere Leckerbissen und ein interessantes Jagdspiel lockt die meisten Stubentiger aus ihrer Reserve. Endlich wieder die Nacht im Bett bei ihren Menschen zu verbringen oder auf dem Sofa zu kuscheln, heilt die Wunden des Sich-allein-gelassen-Fühlens.

Aus Rücksicht auf das sensible Seelenwesen Katze, engagieren wir besser keine wildfremde Person, die unsere Mieze nicht im Vorfeld kennenlernen konnte. Für einen geduldigen Vertrauensaufbau darf Zeit sein.

# Sprache der Katze –
# So verstehen wir
# uns richtig

Wie bereits erwähnt, kommunizieren Frau und Herr Katze äußerst subtil mittels körpersprachlichem Ausdrucksverhalten. Wenn wir unsere geliebten Samtpfoten betrachten, so sagt bereits ihr äußeres Erscheinungsbild, ihre Silhouette, einiges über ihr aktuelles Befinden und ihre jeweilige Stimmung aus.

Allgemein können wir festhalten, dass ein unsicherer, ängstlicher und ein sich defensiv verhaltender Stubentiger kleiner erscheint. Wenn Frau oder Herr Katze in sehr geduckter Körperhaltung bereits mit dem Bauch fast am Boden schleift, dann ist klar, dass sie verunsichert bis verängstigt ist und das Weite oder zumindest ein sicheres Versteck sucht. Haben Katzen die Wahl zwischen Angriff oder Flucht, bevorzugen sie meist die Flucht. Dies ist selbstredend von ihrem Temperament, dem Grad ihrer Besorgnis sowie situationsabhängig.

Eine Samtpfote, die sich offensiv aggressiv verhält, ist bemüht, sich für ihr Gegenüber größer und beeindruckender erscheinen zu lassen. Wer weiß, vielleicht verliert der andere sogleich den Mut, gibt auf und zieht sich von allein zurück. Ansonsten muss wohl ein wenig nachgeholfen werden. Zu diesem Zweck werden die Hinterbeine kräftig durchgestreckt, was zu einem imposanteren Erscheinungsbild beiträgt.

Eine Katze, die sich seitlich oder gar auf dem Rücken liegend mit ausgestreckten Pfoten und ausgefahrenen Krallen präsentiert, ergibt sich nicht, sondern befindet sich in defensiver Verteidigungsbereitschaft. Katzen tragen ausgefeilte Waffen bei sich und sind in solchen Situationen nicht zu unterschätzen.

Wenn sich unsere Samtpfote wie eine Klobürste mit gesträubtem Fell und Katzenbuckel präsentiert, dann zeugt dies von innerer Ambivalenz. Soll ich fliehen oder angreifen? Hat sie die Möglichkeit, wird sie fliehen.

Die rollige Katze oder jene in Spiellaune wälzt sich gerne auf dem Boden im Sinne eines auffordernden Verhaltens.

# 9. Kätzisch für Anfänger – ein Sprachkurs

Das Katzenverhalten sagt eine Menge über den Gemütszustand unserer Katzen aus. Unsere Stubentiger kommunizieren mit ihrem ganzen Körper und das auf eine äußerst ausdrucksstarke Art und Weise. Ob sie nun ihre Ohren nach hinten legen oder ihren Schwanz aufrecht tragen – durch ihre besondere Körpersprache lernen wir die Bedürfnisse unserer Miezen kennen und die Signale dementsprechend richtig zu deuten.

- *Gehör und Ohrstellung:* Im Vergleich zu uns Menschen können Katzen rund dreimal so viele hohe Töne wahrnehmen wie wir. Interessanterweise verfügen sie nicht über diese Feinheiten bei tiefen Tönen. Im höheren Alter können Frau und Herr Katze taub werden, was sich manchmal in vermehrtem Miauen zeigt. Jeder Katzenhalter weiß, wie beweglich Katzenohren sind und wie aussagekräftig diese für ihr Gegenüber sind. Sehr eindrucksvoll sind die seitlich und schräg nach hinten positionierten Ohren, die ihrem Artgenossen offensiv aggressives Verhalten verdeutlichen. »Jetzt wird's ernst!«. In Verteidigungsposition befinden sich die Ohren seitlich angelegt und sind oftmals fast nicht mehr erkennbar. Es sind sehr feine Unterschiede, jedoch bei genauerem Hinsehen und mit etwas Übung durchaus leicht erkennbar. Am liebsten mögen wir wohl die aufmerksam nach vorne gerichteten oder die aufrechten Ohren, die uns eine ausgeglichene, aufmerksame Stimmung unserer Stubentiger vermitteln. Die zwar aufmerksame, jedoch etwas verunsicherte Mieze bewegt ihre aufrechten Ohren in verschiedene Richtungen. Ihr entgeht nichts. Man will ja gewappnet sein. Wir sollten uns nicht von ihrem entspannt wirkenden Schlummerzustand täuschen lassen. Wer schon einmal eine Katze vor dem Mauseloch beobachtet hat, erahnt, wie fein ihr Gehör sein muss. Immerhin nimmt sie jeden Mäusepieps unter ihren Pfoten war. Sie lauscht und ist keinesfalls gelangweilt, wenn sie geduldig auf das Erscheinen eines kleinen Nagers wartet.

- *Augen:* Seit jeher faszinierten den Menschen die Augen der Katze. Nicht zuletzt ihr unheimliches Leuchten im Dunkeln erschien wohl so manchem mysteriös. Des Rätsels Lösung hierfür ist eine reflektierende Schicht am Augenhintergrund. Diese wirft das Restlicht auf die Nervenzellen zurück, indem sie wie eine Art Spiegel wirkt. Katzen benötigen daher ein wenig Licht, um auch in der Nacht sehen zu können. Bei völliger Dunkelheit sehen auch unsere Stubentiger nichts. Mit ihren geschlitzten Pupillen können Katzen zusätzlich den Lichteinfall steuern. Mit anderen Worten hängt die Weite und Größe der Pupillen wesentlich vom Lichteinfall ab. Wenn Frau und Herr Katze konzentriert ihren Blick auf einen bestimmten Gegenstand richten, ziehen sie zeitgleich die Augenlider zusammen. Ihre weit geöffneten Pupillen nachts sind uns bekannt. Immerhin können sich die Pupillen dreimal so stark ausdehnen wie jene von uns Menschen. Dementsprechend erkennen wir oftmals nur einen minimalen Randstreifen der Iris. Das einfallende Restlicht der Dämmerung wird vollends genutzt. Dadurch, dass die Augen nach vorne ausgerichtet sind, können unsere Miezen selbst bei kurzen Entfernungen ein angepeiltes Ziel, wie eine Maus, genauestens bemessen. Das Auge unserer Samtpfoten ist das Resultat eines spezialisierten dämmerungsaktiven Beutegreifers. Aus diesem Grund ist das Katzenauge auf rasche Bewegungen spezialisiert und wird von drei Augenlidern geschützt. Die Wissenschaft geht heute davon aus, dass Katzen die meisten Farben voneinander unterscheiden können. Obgleich sie die feinen Schattierungen bei Farben nicht erkennen, können sie die Graunuancen sehr wohl differenzieren. Im Grunde ist diese Eigenschaft der Katzen logisch, denn als dämmerungsaktives Tier ist genau das ein Überlebensvorteil. Abgesehen vom jeweiligen Lichteinfall verändern unsere Stubentiger ihre Pupillengröße je nach Situation und Erregungsstatus. Bei Angst beobachten wir maximal geweitete Pupillen. Im Spiel und bei der Jagd können sie erst unmittelbar vor dem Angriff weit geöffnet sein, wohingegen bei einem ernsten direkten Angriff die Pupillen eng sind. Für mich sind zudem die Augen meiner Samtpfoten die Fenster zu ihrer Seele.

- *Blinzeln:* ist als eine freundliche bis beruhigend beschwichtigende Geste zu werten. Wenn wir unsere Samtpfote anblinzeln, wird sie vermutlich zurückblinzeln. Zumindest zeigen wir ihr auf diese Art unsere freundliche Stimmung.

- *Anstarren:* hingegen ist alles andere als freundliches Gestimmtsein. Insbesondere fixierendes Anstarren ist unhöflich, provokant bis aggressiv. Häufig kommt es einer direkten Drohung gleich und provoziert die anvisierte Samtpfote. Daher starren Sie bitte Ihren Stubentiger nicht mit einem allzu strengen Blick an. Er könnte es missverstehen und in Verunsicherung und große Besorgnis geraten. Insbesondere bei eher unsicheren Tieren ist es ratsam, in diesen Bereichen nicht zu experimentieren. Die Beziehung zu ihrem Menschen sollte immer stabil bleiben, damit sich unsere Mieze sicher und geborgen fühlen kann. Das Wohlgefühl von Frau und Herrn Katze ist wie bei uns Menschen ein wesentliches Fundament für Gesundheit auf allen Ebenen. Bezüglich höflichem und unhöflichem Verhalten auf »Kätzisch« gibt es einen Klassiker, der Ihnen bestimmt bekannt vorkommt: Wir erhalten Besuch eines menschlichen Bekannten, der Stubentigern so gar nichts abgewinnen kann. Mehr noch, regelmäßig ist er von den Fellbüscheln auf seiner Kleidung genervt. Der Herr nimmt am Sofa Platz, ohne unsere Mieze auch nur eines Blickes zu würdigen. Just diesen Menschen pickt sich unsere Samtpfote heraus, um auf seinem Schoß gemütlich Platz zu nehmen, sofern dieser es zulässt. Warum? In Katzenaugen handelt es sich um einen besonders höflichen Menschen, weil er sie nicht direkt anblickt oder anstarrt. Vielleicht interpretiert sie sein Wegsehen zusätzlich als das kätzische »Umherschauen«. Katzen können durchaus spüren, ob es sich grundsätzlich um einen liebevollen Menschen handelt. Lautem oder gar aggressivem Gehabe können unsere Samtpfoten nichts abgewinnen. Auch in diesem Punkt erinnern sie mich sehr an mich selbst.

- *Schnurrhaare (auch Vibrissen genannt):* sind sehr sensibel und sollten keinesfalls gekürzt werden. Als ein ganz besonderes Sinnessystem erfüllen sie unterschiedliche Funktionen und geben unmissverständlich Auskunft über die derzeitige Stimmungslage der Katzen. Eine in sich ruhende sowie entspannte Mieze trägt ihre Schnurrhaare entsprechend sehr gelöst seitwärtsgerichtet und nur gering gespreizt. Bei der Jagd, beim Spiel oder beim Erkunden der Umwelt sind ausgespreizt nach vorne gerichtete Schnurrhaare zu beobachten. Hier wird die Wichtigkeit dieser »Wunderwaffen« deutlich. Da erblindete Katzen auf ihre anderen Sinne vermehrt angewiesen sind, können wir auch bei ihnen derart nach vorne gespreizte Vibrissen beobachten.

- *Schwanz:* Wir erfreuen uns über den aufrecht getragenen Schwanz bei der Begrüßung unserer geliebten Samtpfote, da er von freundlicher sowie offener Gesinnung zeugt. Auf kätzisch fordern uns Frau und Herr Katze bereitwillig zur Analkontrolle auf und dies ist ein wahrer Vertrauensbeweis. Wir dürfen uns geehrt fühlen. Manchmal trägt unsere Samtpfote ihren Schwanz auch mit einem »U-Haken« am Ende. Unser bereits verstorbener Kater »Paulchen« war ein wahrer Meister in diesem Fach. Zusätzlich plauderte er auf besonders kätzisch-charmante Art. Bei Erregungen in welcher Form auch immer, ob nun im Spiel oder angstbedingt, erscheint uns der Schwanz aufgeplustert, die Haare stehen im wahrsten Sinne des Wortes zu Berge. Mit dem Stimmungsbarometer Schwanz vermag unsere Mieze wahre Bände zu sprechen, die sogar wir Menschen verstehen. Der eingezogene Schwanz ist wohl auch jedem ein Begriff. In Angstsituationen kann unser Stubentiger seinen Schwanz unter den Bauch ziehen und sich insgesamt durch eine geduckte Haltung kleiner erscheinen lassen. Dieser offenbar angstgebeutelte Stubentiger verhindert auf diese Art die Analkontrolle, die Samtpfoten generell bei ihnen fremden Miezen ablehnen. Auf Kätzisch heißt es wohl: »Alle Schotten dicht machen!«, um nicht zu viel von sich preiszugeben. Im sicheren Erkundungsmodus tragen Katzen ihren Schwanz locker, lässig und lassen die Schwanzspitze manchmal fast am Boden streifen. Die gesamte Silhouette verdeutlicht ein entspannt zufriedenes Gestimmtsein. Im konzentrierten Zustand, wie bei fokussiert-jagdlichem Verhalten, lässt sich eine zuckende und oder langsam bewegende Schwanzspitze beobachten. Haben wir hingegen den Unwillen unseres Stubentigers auf uns gezogen oder ist er aus anderen Gründen in einer erhöhten Erregungslage, dann findet sich diese Anspannung in einem sich ruckartig bewegenden Schwanz wieder. Dies betrifft entweder den gesamten Schwanz oder aber nur die Schwanzspitze. Besonders gerne beobachten wir unsere Samtpfote entspannt auf dem Sofa liegend und ihren Schwanz um ihren wohlig weichen Körper geschmiegt. Unsere Mieze fühlt sich offenkundig wohl und entspannt. Somit geht es auch uns gut.

- *Kopfhaltung:* Die Kopfhaltung unseres Stubentigers ist ebenso aussagekräftig. Wird dieser erhaben und selbstsicher in aufrechter Silhouette getragen oder eher unsicher bis ängstlich eingezogen mit einer insgesamt geduckten Körperhaltung? In Angriffslaune wird der Kopf nach vorne gereckt und zwar gerade, aber dennoch sachte nach unten gehalten. Als freundlich beschwichtigende Geste sowie als Abbruchsignal (»cut-off«-Geste) zeigen unsere Vierbeiner das katzentypische »Umherschauen«. Manchmal genügt bereits der seitlich weggedrehte Kopf.

- *Gähnen:* zeigen unsere Samtpfoten nicht nur aus Gründen der Müdigkeit, sondern sie demonstrieren damit auch ihre friedliche Absicht. Gähnen hat einen beruhigend, beschwichtigenden Charakter und findet sich im Sinne eines Übersprungsverhaltens wieder. (Wenn zwei miteinander nicht vereinbare Verhaltensweisen oder Instinkthandlungen gleichzeitig aktiviert sind wie etwa Annäherung an den Artgenossen oder Ausweichen. Dadurch hemmen sie einander und ein drittes, nicht zum Kontext passendes Verhalten oder eine dritte Instinkthandlung tritt auf. Häufig finden wir eine soziale Signalwirkung wie zum Beispiel die Beschwichtigung des Gegenübers. Übersprungsverhalten tritt bei Katzen relativ häufig auf.)

- *Schlecken:* im Sinne von sich selbst über das Mäulchen schlecken. Natürlich, wenn es besonders gut gemundet hat. Unsere Samtpfoten schlecken sich ebenfalls bei Verunsicherung kurz über ihr hübsches Mäulchen. Häufig ist dieses Verhalten zu beobachten, wenn die Situation bereits fast vorbei ist. Oft wird es nur in einer kurzen Sequenz gezeigt. Meist lässt sich zeitgleich an der Körperhaltung sowie an den Augen eine innere Anspannung und Verunsicherung erkennen.

- *Körperspannung:* Essentiell ist immer, den Gesamteindruck inklusive der jeweiligen Körperspannung unserer Miezen wahrzunehmen. Hier ist unsere Feinwahrnehmung gefordert und diese lässt sich wunderbar schulen. Innere Spannungen und Anspannungen kennen wir meist reichlich aus eigener Erfahrung. Bei unseren Stubentigern erkennen wir manchmal nur leichte Spannungen wie etwa am Oberlid des Auges oder entlang des Rückens.

Interessant sind zudem verschiedene einfache Signale unserer Katzen wie die bekannte Schlagandrohung. Eine Katze, die gleich ihre Tatze erheben wird, zeigt dies zusätzlich durch eine Verlagerung ihres Gewichtes auf die Hinterpfoten.

Wenn sich eine Katze aus einem bestehenden Konflikt zurückziehen will, dann bewegt sie sich langsam wie in Zeitlupe. Unverhohlen rasche oder zu heftige Bewegungen könnten schnell einen aggressiven Vorstoß ihres Gegenübers erwirken. Als diplomatische Geschöpfe sind Frau und Herr Katze in den überwiegenden Fällen daran interessiert, ernsthafte oder gar beschädigende Auseinandersetzungen zu vermeiden. Nicht umsonst haben sichere Meidestrategien im Katzenreich einen hohen Stellenwert.

# 10. Miau! Hilfe bei der Übersetzung

Das Miauen zählt grundsätzlich zum Normalverhalten von Frau und Herrn Katze. Auch wenn deutliche rassespezifische (orientalische Rassen etwa sind „gesprächiger") sowie individuelle Unterschiede vorliegen, bringen Katzen großteils uns Menschen zuliebe ihr Miauen zur Perfektion.

Da wir überwiegend verbal kommunizieren, reagieren wir auch rascher auf verbale Signale unserer Haustiere. Katzen passten sich uns Menschen an, denn untereinander verständigen sie sich bevorzugt über andere Kommunikationsformen wie mittels Körpersprache, Mimik und diverser Duftmitteilungen. In Zeiten der sexuellen Gestimmtheit werden Frau und Herr Katze auch für ihresgleichen zu wahren Plaudertaschen. Rollige Katzen sind ebenso wenig zu überhören wie die nächtlichen Gesänge unkastrierter Kater. Mutterkatzen kommunizieren mit ihren Kitten zusätzlich über ein breites Repertoire unterschiedlicher Lautgebungen.

*Die wichtigsten Lautäußerungen*

- *Gurren:* wird oftmals zur Begrüßung oder als Antwort eingesetzt, wenn wir unsere lieben Samtpfoten ansprechen. Ebenso gurrt unsere Samtpfote gerne nach dem Erwachen, was als sanftes Kontakten gilt.
- *Schnattern:* Frau und Herr Katze schnattern, wenn sie beispielsweise einen Vogel hinter der verschlossenen Fensterscheibe aufgeregt beobachten. Am liebsten würden sie diese kleine Beute in Katzenmanier fangen und verspeisen. Bedingt durch die Barriere des Fensters, staut sich in ihr die Energie und sie erlebt innerlich eine Art »Barrierefrustration«. Verhaltensforscher

bezeichnen das Schnattern als situationsgebundenes Übersprungsverhalten. Nachdem unsere Mieze das eigentlich erwünschte Verhalten (die Jagd, den Beutefang) nicht ausführen kann, wählt sie schlicht ein anderes, das genau genommen nicht zu der Situation passt. Sie schnattert.

- *Fauchen:* Selbst eine junge Samtpfote kann sehr beeindruckend fauchen. Dies ist auch der Sinn der Sache. Das Fauchen dient der Distanzvergrößerung und zählt zu den defensiv-aggressiven Verhaltensweisen. Generell ist es als relativ harmlos einzustufen. Die dahinterstehende Besorgnis kann allerdings sehr wohl groß sein. Pfotenhiebe können folgen, müssen jedoch nicht extrem ausfallen. Bereits die Kleinsten der Kleinen verstehen sich im katzentypischen Fauchen.

- *Knurren:* Knurren kann als unmissverständlicher Warnlaut verstanden werden. Hinter dieser ernsten Warnung können direkte Abwehrbereitschaft und oder Angst stehen. Der Stubentiger ist zu allem bereit. Bisse können auf dem Fuße folgen. Eine knurrende Katze ist daher nie zu unterschätzen.

- *Spucken:* Wir tun gut daran, nicht Zeuge unserer spuckenden Samtpfote zu werden. Frau und Herr Katze spucken nämlich aus Angst und Panik oder vor Schreck.

- *Schreien:* Überwiegend bezeichnen wir mit Schreien das durchdringende wie lautstarke »Gejaule« in Paarungszeiten. Anders verhält es sich beim Angstschrei, den hoffentlich noch kein Katzenhalter zu hören bekam.

- *Schnurren:* Wer liebt und genießt es nicht, das wohltuende Schnurren seines Stubentigers? In erster Linie zählt das Schnurren zum Ausdrucksverhalten unserer geliebten Samtpfoten und dient somit der Kommunikation. In der Wissenschaft spricht man von Stimmfühlungslaut.

Wer schon einmal eine säugende Kätzin beobachtet hat, möchte meinen, sie schnurre mit ihrem Nachwuchs um die Wette. Gewiss wirkt sich der Stimmfühlungslaut positiv auf die Bindung zwischen Mutter und Kind aus. Frau Mama zeigt mit ihrem Schnurren einerseits ihr Wohlbehagen und andererseits beruhigt sie sich selbst sowie ihre Kitten. Umgekehrt übermitteln auch die schnurrenden Kätzchen ihrer Mutter, dass es ihnen gut geht. Ein berührendes sowie beruhigendes Erlebnis, selbst für den stillen Beobachter dieses Szenarios. Katzenmütter sind äußerst fürsorgliche Mütter. Auch in anderen Lebenslagen zeigt der erwachsene Stubentiger unter anderem mit seinem Schnurren, dass er sich wohl, glücklich und zufrieden fühlt.

Zudem kann das Schnurren als eine Art Friedenssignal eingesetzt werden. Vielleicht wurden Sie bereits Zeuge, als eine junge Mieze während eines wilderen Spiels mit einem Katzenkameraden plötzlich zu schnurren begann? Sie scheint einerseits sich selbst damit zu beruhigen und andererseits eine friedvolle Botschaft an den unter Umständen stärkeren Spielfreund zu senden.

Zwar vermittelt uns eine schnurrende Samtpfote automatisch, dass es ihr gut geht, allerdings ist dem nicht immer so. Schnurren ist nicht uneingeschränkt mit »Wohlbefinden« gleichzusetzen. Heute wissen wir, dass auch todkranke oder schwer verletzte Katzen schnurren, insbesondere, wenn sie gestreichelt werden. Natürlich liegen wir mit unserer Annahme schon richtig, dass uns Katzen mit ihrem »Geschnurre« ihre Zuneigung ausdrücken, aber eben nicht ausschließlich.

Ein interessantes Phänomen ist, dass die durch das Schnurren verursachten Vibrationen wichtige Selbstheilungsprozesse freisetzen können. Schnurren hat daher tatsächlich eine heilende Wirkung. Insbesondere die Heilung von Knochenbrüchen wird gefördert.

Kraft des Schnurrens beginnt sich der gesamte Körper zu entspannen, Ängste werden abgemildert und selbst Schmerzen können abgeschwächt werden. Nicht nur bei unserem Stubentiger selbst, sondern auch auf seine unmittelbare Umgebung hat sein Schnurren einen positiven Effekt. So vermögen rhythmisch schnurrende Katzen Menschen mit Schlafstörungen Erleichterung zu verschaffen. Ebenso können unterschiedliche Stresssymptome herabgesetzt und der Blutdruck gesenkt werden.

## Gertruds Miauen

Gertruds Miauen ist melodiös und tritt überwiegend im Beisein ihres Menschen auf. Da sie gesund ist, deutet ihr Vokalisieren auf Kommunikationsverhalten hin. Vermutlich wurde ihr freundliches Miauen bewusst oder unbewusst von ihrem Menschen verstärkt. Miauen kann sich rasch zu einem nach Aufmerksamkeit fordernden Verhalten entwickeln und ist nur schwer wieder zu löschen. Wollen wir es zum Verschwinden bringen, ist Ignorieren das Mittel der Wahl. Es darf keinesfalls unterstützt werden und genau das ist oft schwer. Zudem sollten wir unserer Mieze eine lohnende, reizvolle Alternative bieten.

Felix hingegen miaut überwiegend dann, wenn er allein gelassen wird und manchmal auch nachts. Hier kann es sich um eine Angststörung handeln oder um ein ausgeprägtes Abhängigkeitsverhältnis zu seinem Menschen. Ebenso können sich Demenz und Senilität im Hintergrund verbergen.

Neben dem melodiös klingenden Vokalisieren von Gertrud gibt es auch ein eher jaulend, monoton klingendes Miauen von Herbert. Es fühlt sich für uns als sehr unangenehm an und deutet häufig auf eine ernsthafte Störung oder Erkrankung (psychisch oder physisch) hin. Allerdings können sich auch hier wieder Senilität und Demenz als Ursache entpuppen. Eine instrumentalisierte Form des Miauens kann hierbei zum Ausdruck kommen.

Katzenhalter wissen, dass ihre Samtpfoten im Erwachsenenalter weder Schmerz noch Krankheit offen zur Schau tragen. In der Natur ist dies überlebensnotwendig. Um nicht von Feinden entdeckt zu werden, muss sich ein verletztes oder krankes Tier ruhig verhalten. Katzen ziehen sich daher sehr häufig zurück und verkriechen sich, wenn sie schwer verletzt oder krank sind oder wenn sie spüren, dass sie sterben werden. Umso berührender ist es, wenn sich verletzte Samtpfoten mit ihren letzten Kräften vertrauensvoll zu ihren Menschen schleppen. Manchmal verkriechen sie sich nach dem ersten Schock, wie etwa bei einem Unfall mit Fahrerflucht des Autolenkers, und setzen erst nach ein paar Tagen alles daran, mühsam zu ihren Menschen zurückzukehren.

Innerhalb weniger Monate erlebte ich ebensolche Fälle in meinem direkten Umfeld. Beide Kater trugen durch Kollisionen mit Autos Beckenbrüche davon. Eine äußerst schmerzhafte wie langwierige Angelegenheit. Die Stubentiger wurden einige Tage nach dem Unfall an Stellen gefunden, wo ihre Halter zuvor bereits emsig gesucht hatten. Bei einem Kater dauerte es gar vierzehn Tage. Da ich die Katzenhalterin persönlich gut kenne und sie für ihre Miezen wirklich alles tut, weiß ich mit Bestimmtheit, dass sie in so gut wie jede Ritze ihrer Umgebung geblickt hatte. Eine wurde anscheinend doch übersehen. Selbst redefreudige kätzische Gesellen können in derartigen Situationen wie ein Grab schweigen. Hier werden die natürlichen Instinkte offenbart. Die Gesundheit beider Kater konnte soweit wiederhergestellt werden. Zum Glück gibt es auch für unsere vierbeinigen Gefährten eine erstklassige Notfallmedizin inklusive chirurgisch einwandfreier Operationen. Die liebevolle Betreuung durch den Tierhalter ist zudem förderlich für den Heilungserfolg. Aus eigener Erfahrung weiß ich nur zu gut, dass eines der schlimmsten Gefühle die Ungewissheit ist, was mit dem geliebten Stubentiger geschehen sein mag.

## Mein weißer Kater Petzi

Leider erlebten auch wir in der Vergangenheit einige schlimme Unfälle unserer Samtpfoten, die teilweise tödlich endeten. Sie waren allesamt Freigänger. Zu viele von ihnen fielen dem Straßenverkehr zum Opfer, weshalb wir sehr froh darüber sind, dass unsere jetzigen beiden Kandidaten kaum das Haus verlassen. Die Nächte verbringen sie bevorzugt in den warmen gemütlichen Betten ihrer Menschen. Beide Stubentiger kommen aus dem Tierschutz und waren zuvor reine Wohnungskatzen. Unter unseren zahlreichen Miezen gab es wiederum einige, die mit dem Straßenverkehr ausgezeichnet zurechtkamen und dementsprechend sehr alt wurden. Wenn Sie sich fragen sollten, warum eine bereits einmal angefahrene Katze aus dieser Erfahrung selten lernt und von nun an nicht einen großen Bogen um Autos macht, dann deshalb, weil der Schock des Unfalls wie eine Art Radiergummi im Gehirn wirken kann. Es ist alles gelöscht. Warum manche Stubentiger die Gefahren des Straßenverkehrs erkennen und andere nicht, ist ein Mysterium. Woher soll eine Katze wissen, dass ein Auto stärker ist als sie und sie töten kann? Vielleicht sind es schlicht sehr weise Geschöpfe, die die Gefahren erahnen können.

Berührend und mit einem glücklichen Ende war die Geschichte unseres weißen Katers Petzi. Seiner Verletzung nach dürfte er im angrenzenden Wald in ein Schlageisen geraten sein. Diese wurden zumindest seinerzeit für die Jagd von Raubwild wie Fuchs oder Marder ausgelegt. Durchaus auch ausgesprochen nahe am Waldrand, denn unsere Stubentiger gingen nie sehr weit. Sie waren allesamt kastriert.

Um fünf Uhr früh begab ich mich vor der Schule in die im hinteren Teil unseres Gartens gelegenen Stallungen, um die Esel und das Pferd zu versorgen. Wie üblich lag der Rest der Familie noch in tiefem Schlummer, als ich auf der Terrasse Petzi entdeckte. Da lag er, auf dem fein säuberlich gefalteten weißen Tischtuch meiner Mutter. Seine linke Vordergliedmaße war abgetrennt. Hautfetzen hingen weg und die Knochen standen hervor. Das tiefrote Blut stach auf dem weißen Untergrund noch mehr ins Auge. Ich war geschockt, so etwas hatte ich bisher noch nicht gesehen. Der erste Gedanke war: »Wo ist die Pfote? Die kann doch nicht einfach weg sein!«. Petzi blickte mich an und schnurrte während ich ihn streichelte und ins Haus trug. Meine Mutter und ich dachten zuerst, dass wir ihn ob der Schwere seiner Verletzung und des massiven Blutverlusts einschläfern lassen müssten. Kleintierärzte waren damals am Land sehr rar gesät. Das Szenario ist mir noch heute lebhaft in Erinnerung. Petzis Augen und wie er mich voller Vertrauen schnurrend anblickte, werden mir immer im Gedächtnis bleiben. Ich war zutiefst berührt und zugleich geschockt.

Eine Notoperation rettete ihm das Leben und Petzi durfte noch sehr lange leben. Bereits damals waren wir alle von dem tiefen Vertrauen dieses Katers zutiefst bewegt. Er verkroch sich nicht, sondern suchte unsere Hilfe. Ein kleines Detail am Rand war sein ungewohnter Geruch, wie ich ihn bei keiner anderen Samtpfote je wahrgenommen habe.

Viele Jahre lang schien er sein Dasein auf drei Beinen zu genießen und war immer guter Dinge. Sehr geschickt kletterte er auf Bäume und stand den anderen selbst beim Mäusefang um nichts nach. Tiere sind unglaublich anpassungsfähig. Dieses tiefe, uneingeschränkte Vertrauen unserer Haustiere ist das größte Geschenk. Wir sollten es immer wertschätzen und niemals missbrauchen.

Wenn wir mit Katzen innig zusammenleben, merken wir rasch, wenn es unserer Samtpfote nicht gut geht. Meist ist ihr Verhalten verändert oder schlicht reduziert. Vielleicht wirkt sie insgesamt stiller, in sich gekehrter, zurückgezogener oder sie verkriecht sich. Die meisten Menschen spüren, dass etwas mit ihrer Mieze nicht stimmt. Offenkundigere Anzeichen für ein physisches Unwohlsein sind etwa ein struppiges Fell, das ansonsten wunderbar seidig anliegt, der unter Umständen etwas glasige Blick unserer Mieze oder gar der bekannte Nickhautvorfall (die Nickhaut ist das dritte Augenlid der Katze).

Eben weil unsere Samtpfoten sehr still leiden und Erkrankungen über geraume Zeit kompensieren können, ist unsere feine Wahrnehmung gefragt. Katzen lehren uns hinzufühlen, hinzuspüren und genauer hinzusehen.

Manchmal weisen uns Samtpfoten darauf hin, dass ein Mitglied der Katzengemeinschaft ernsthaft erkrankt ist. Die Reaktionen darauf können sehr unterschiedlich ausfallen. Die einen verhalten sich aggressiv dem erkrankten Tier gegenüber und andere benehmen sich fast »fürsorglich«. Wir sollten unsere Miezen immer gut im Auge behalten und achtsam beobachten. Insbesondere bei plötzlich auftretenden Verhaltensänderungen jeder Art liegen sehr häufig organische Ursachen oder Schmerzen im Hintergrund verborgen. Die Katzen selbst weisen uns den Weg. Samtpfoten sind und bleiben faszinierende Geschöpfe.

## Duft- und Sichtmitteilungen im Katzenreich

In der Katzenwelt wird überwiegend über Gerüche kommuniziert. Durch die tage- bis wochenlange Haltbarkeit der Duftmitteilungen muss die Katze selbst nicht mehr anwesend sein, um ihrem Artgenossen eine Information zu übermitteln. Noch länger bleiben die hinterlassenen Kratzspuren unserer Miezen erhalten.

- *Gesichtsmarkieren*: dient der Herstellung des Gruppengeruchs und somit dem Zusammenhalt der Gruppe, der sozialen Bindung und auch um den Platz in der Gruppe zu stabilisieren. Katzen unterscheiden über den Pheromonduft zwischen befreundeten und fremden Artgenossen. Beobachten wir unsere Katzen wie sie ihr Köpfchen an Kanten oder auch an uns Menschen reiben, so verteilen sie auf diesem Wege ihre Pheromone und fördern damit ihr persönliches Wohlbehagen und Gefühle der Vertrautheit. Aus diesem Grund sollten wir diese Markierungen in der Wohnung so wenig wie möglich entfernen. In regelmäßigen Abständen werden sie von unseren Samtpfoten aufgefrischt.

- *Allomarkieren:* bezeichnet das »Aneinanderreiben« unserer Stubentiger, wie sie es zeigen, wenn sie aneinander vorbeistreifen. Ebenso beinhaltet dieses Verhalten die gegenseitige soziale Fellpflege. Durch das Vermischen der Gerüche wird, wie bereits erwähnt, der unerlässliche Gruppengeruch hergestellt.

- *Kratzmarkieren:* Mit Kratzmarkierungen setzen Katzen optische (mit den Krallen), geruchliche (mit den Duftdrüsen an den Pfoten) sowie akustische Akzente. Auch wenn wir Menschen diese kätzischen Graffiti oft als störend empfinden, so kann man sie in der Katzenwelt als multifunktional bezeichnen. Zumindest Wohnungskatzen scheinen großteils mit dieser Art der Reviermarkierung zufriedengestellt zu sein. Daher ist es sinnvoll, ausreichend Kratzmöglichkeiten an den richtigen Orten anzubieten, wie etwa in wichtigen Durchgängen, zwischen Schlaf- und Futterplatz oder nahe des Schlafplatzes. Zu entlegen-positionierte Kratzmöglichkeiten werden selten angenommen. Kratzbäume finden vor einem Fenster im Kern des Reviers mit spannendem Ausblick guten Anklang bei unseren Stubentigern. Neben der Reviermarkierung dient das Kratzen der Krallenpflege sowie dem Abbau von Spannungen, Stress und überschüssiger Energien. Selbstverständlich wird bei offenkundigem Kratzen vor Artgenossen auch gerne ein wenig imponiert. Bei dieser Form des Dehnens und Streckens wie es das Kratzmarkieren erfordert, freuen sich Schulter- und Rückenmuskulatur ebenso wie die Muskeln der Zehen. An Materialien sind jene besonders beliebt, in denen unsere Stubentiger ausgiebig schreddern können wie etwa Bambus, Sisal, Korbstühle, weiches Holz oder simpel Karton. Je natürlicher desto besser.

- *Harnmarkieren:* Harnmarkieren erfüllt viele Funktionen im Leben unserer Katzen. Mit ihren Duftmarken stecken sie ihre Reviere ab und strukturieren ihr soziales Umfeld räumlich sowie zeitlich. Eine frische Marke im Streifgebiet sagt dem Nachkommenden, dass dieser Weg oder Ort bereits besetzt ist und dass er besser später wieder vorbeischaut. Außerdem gelten Harnmarkierungen als die Visitenkarte unserer Katzen und enthalten alle wesentlichen Informationen des Stubentigers. Das Harnmarkieren setzt mit der Geschlechtsreife ein, wobei Katzen beiderlei Geschlechts markieren, unkastrierte Kater jedoch am intensivsten. Werden Kater kastriert, hört das Verhalten unter entspannten Bedingungen meist auf. Mit dem Erreichen der sozialen Reife (zwischen zwei und vier Jahren) und dem sich parallel entwickelnden Territorialverhalten kann es wieder gezeigt werden. Beim Harnmarkieren mit direktem Sichtkontakt wird zusätzlich ein visuelles Zeichen gesetzt, um Selbstsicherheit, und bei unkastrierten Katern, Potenz zu signalisieren. Des Weiteren können wir dieses Verhalten als Ausdruck eines demonstrativen Aktes verstehen.
- *Kotmarkieren:* Eine Kotmarkierung setzt ein optisches sowie geruchliches Signal und wird gerne an erhöhten Stellen abgesetzt. Zudem können sich dominant verhaltende und sehr selbstsichere Katzen mit Kot Revieransprüche verdeutlichen. Bezeichnend für Kotmarkierungen dieser Art ist, dass der Kot nicht

eingegraben wird und dass dieses Verhalten erst nach Einsetzen der sozialen Reife sowie der zeitgleichen Entwicklung des Territorialverhaltens (mit zwei bis vier Jahren) gezeigt wird.

# Hat meine Mieze
# ein Problem?

Da Katzen keinesfalls zu den angst- und stressresistenten Geschöpfen zählen, sind Stress und Angst häufige Ursachen für Probleme bei Katzen. Wir können grob zwischen akutem und chronischem Stress differenzieren.

Insbesondere Dauerstresssituationen, wie etwa Mobbing, werden von unseren Miezen als äußerst belastend wahrgenommen. Wesentlich ist, dass die Lebensqualität nie deutlich herabgesetzt sein darf. Nicht wir entscheiden, was unsere Katze als belastend erlebt, sondern immer nur die Vierbeiner selbst. Sie zeigen uns, wie sie sich fühlen.

Die ersten Stressbahnen werden bereits im Mutterleib gelegt und natürlich spielen die Erfahrungen der ersten Lebenszeit wieder eine wichtige Rolle. Entsprechend sind die Begabungen, mit Stress und Angst umzugehen, individuell sehr unterschiedlich ausgeprägt. Außerdem können Katzen bei einer innigen Bindung die Stimmungen und Gefühle ihres Menschen übernehmen.

Stressoren können neben den Konflikten mit Artgenossen ein Mangel an Ressourcen (etwa Rückzugsorte), trostlose Umfeldbedingungen, Reizüberflutung, Hunger, Langeweile wie durch Unterbeschäftigung, zu viele Katzen auf beschränktem Raum, Spannungen innerhalb der Familie, Familienzuwachs, Schmerz, Krankheit, Frustration, Umzug, Urlaub, Trennung oder simpel ein geänderter Tagesablauf sein.

Schock und Traumata, wie sie in lebensbedrohlichen Situationen erfahren werden, können auch bei unseren Miezen eine posttraumatische Belastungsstörung nach sich ziehen.

*Stresssymptome zeigen sich durch:*
- ein geringeres oder vermehrtes Fressverhalten
- übermäßiges oder reduziertes Putzverhalten
- vermehrtes Umherwandern
- weniger Interesse an Aktivitäten
- vermehrtes Zurückziehen
- vermehrtes Vokalisieren

- übertriebene Anhänglichkeit
- ein ständiges Bewegen der Schwanzspitze
- Harnmarkieren und oder Unsauberkeit

## Harnmarkieren

Harnmakieren erfüllt viele Funktionen im Leben unserer Katzen. Mit ihren Duftmarken stecken sie ihre Reviere ab und strukturieren so ihr soziales Umfeld räumlich wie auch zeitlich. So fühlen sich die Miezen wohler und sicherer. Im Kernbereich des Reviers, wie es die Wohnung darstellt, sind Harnmarkierungen ein guter Hinweis, dass die Mieze ein Problem hat. Insbesondere die besorgte, verunsicherte sowie gestresste Katze greift sehr häufig zu dieser Maßnahme. Es sind keineswegs die in sich ruhenden, souveränen, selbstsicheren Tiere, die plötzlich unsere Wohnung mit Harn »beduften«. Da unsichere Katzenpersönlichkeiten schlecht mit Störungen, Stress und Veränderungen umgehen können, haben sie rasch das Bedürfnis, sich mit ihrem Duft zu umgeben.

Grundsätzlich ist das Harnmarkieren der Ausdruck einer erhöhten Erregungslage, positiv oder negativ. Hunger bedeutet ebenso eine erhöhte Erregungslage wie die Freude, wenn die Bezugsperson abends nach Hause kommt. Auch in diesen Situationen kann die Mieze eine Harnmarke setzen. Wir sollten dies nicht persönlich nehmen. Viele Katzen belassen es auch bei einer Art »Pseudomarkieren«, bei der nur das Zittern des Schwanzes zu beobachten ist. Die erhöhte Erregungslage ist deutlich erkennbar. Das Zittern des Schwanzes scheint wie ein Blitzableiter zu wirken. Außerdem kann Harnmarkieren eine Art Ventil nach einer belastenden Situation sein. Auch hier finden wir wieder die erhöhte Erregungslage im Hintergrund. Natürlich ist immer der Gesamtkontext und die Persönlichkeit für eine nähere Betrachtung zu berücksichtigen.

Unerwünschtes Markierverhalten tritt häufig in einem Haushalt mit mehreren Miezen auf. Oft ist das Sicherheitsgefühl zumindest einer Katze in Schieflage geraten. Mittels des Markierens mit Harn versucht sie sich in ihrer Umgebung wieder sicherer und wohler zu fühlen und mit ihren Lebensbedingungen besser klarzukommen. Wenn mehrere Miezen unter einem Dach leben, deutet vermehrtes Markierverhalten fast immer auf indirekte und zugleich aggressiv gefärbte Konflikte hin. Mit Harn zu markieren, kostet weniger Energie als ein Kampf.

Des Weiteren fühlen sich einige Katzen, schnell durch fremde und für sie unbekannte Gerüche bedroht. Infolge übermalen sie jeden nicht vertrauten Duft mit ihrem eigenen und zugleich dem stärksten, der ihnen zur Verfügung steht. Da wir an Schuhen, Taschen oder Jacken fremde Gerüche mit nach Hause bringen, werden diese besonders gerne mit Harn übermalt. Elektrogeräte müssen ebenfalls häufig daran glauben. Da sie eingeschaltet einen anderen Geruch absondern als im abgedrehten Zustand, wirken sie auf manchen Stubentiger äußerst suspekt. Schnell müssen auch hier die Gerüche abgedeckt werden.

Harn- und Kotmarkieren kann wie jedes andere Verhalten automatisiert werden. Die Katze markiert an bestimmten Stellen, weil sie hier schon immer markiert hat. Solch »schlechte Angewohnheiten« sind mit etwas Geduld großteils behebbar. Aus Protest wird keinesfalls markiert, denn Protestverhalten kennen Katzen nicht.

## Unsauberkeit

Da in vielen Fällen einer Unsauberkeit Schmerzen oder eine Krankheit zugrunde liegen, empfehle ich als ersten Schritt eine genaue tierärztliche Abklärung.

Um der Ursache auf den Grund zu kommen, rate ich nach dem tierärztlichen Check zu einem Protokoll bezüglich des Ausscheidungsverhaltens des Stubentigers. Der Zeitpunkt des ersten Auftretens der Unsauberkeit gilt dabei als wesentlicher Anhaltspunkt. Unter anderem ist die Zahl sowie der Ort der Katzentoiletten in Relation zur Katzenanzahl wesentlich. Des Weiteren können Mobbingsituationen innerhalb der Katzengruppe, ein neuer Partner, ein Streit in der Familie sowie jede Form einer Veränderung Anhaltspunkte liefern. Der Tierhalter erinnert sich wieder an einige Details und kann die Zusammenhänge besser erfassen. Härtefälle sind jene lieben Stubentiger, die seit jeher andere stille Örtchen aufsuchten denn ihr Katzenklo, weil sie nie lernten, die Katzentoilette zu benutzen. Bei einem jungen Kätzchen ist noch alles möglich. Je älter das Tier allerdings wird und je länger die Problematik bereits besteht, desto schwieriger und langwieriger kann die Therapie werden. Zum Glück für uns Menschen sind diese Miezen selten. Manchmal scheint es fast ein Akt höchster Kreativität zu sein, welche neuen Plätze unsere Samtpfoten für ihre Ausscheidungen auserwählen. Insbesondere dann, wenn die liebe Mieze durch eine Mobbingsituation daran gehindert wird, ihr Katzenklo aufzusuchen. Ohnedies bereits gestresst und verunsichert, kann ein strafender oder auch nur laut werdender Tierhalter die Situation extrem verschlechtern.

Aus der Neurobiologie ist der direkte Draht bei Mensch und Tier zwischen Psyche und Blase bekannt. Es ist daher leicht nachvollziehbar, dass Stress, Angst, Irritationen und Besorgnis zu Unsauberkeit führen können. Mit anderen Worten müssen viele Katzen bei Aufregungen oder Stress vermehrt Harn absetzen. Wählen Frau und Herr Katze das

Bett oder das Sofa als »stilles Örtchen«, so besteht die starke Annahme, dass die Mischung aus ihrem Geruch mit jenem des Menschen unserer Mieze ein besonderes Gefühl der Sicherheit vermittelt.

Bei Bestrafungen jeglicher Art bleibt unserem Vierbeiner nichts anderes übrig, als wahllos unsauber zu werden und neue, sicherere Orte zu wählen.

Katzen mit Blasenentzündungen (häufig psychosomatischer Natur) haben immer einen guten Grund, unsauber zu werden. Schmerzen beim Harnabsatz können ausreichen, dass unsere Katze infolge unsauber wird. Sie verknüpft das Katzenklo mit dem Schmerz und vermeidet daher häufig den Toilettengang. Leider oft selbst nach Abklingen der Symptome. Ebenso können unsere Samtpfoten ihre Toilette plötzlich scheuen, wenn sie aufgrund von Verstopfung Schmerzen beim Stuhlgang erleiden. Sobald unser Stubentiger wieder gesund ist, können wir ihm die Katzentoilette mit relativ einfachen Maßnahmen wieder schmackhaft machen. Wir dürfen nicht vergessen, dass Tiere immer einen Grund für ihr Verhalten haben.

Der am einfachsten zu behebende Grund für eine Unsauberkeit ist das Katzenklo selbst. Wenn unsere Mieze direkt neben ihrer Kiste Urin und oder Kot absetzt, dann passt ihr zwar der Ort ihres Klos, allerdings sonst irgendetwas nicht an der Toilette. Vielleicht ist sie nicht sauber oder groß genug, nicht ausreichend stabil, vielleicht piekst das Streu oder wir haben einen für ihre sensible Katzennase unangenehm duftenden Reiniger benutzt. Ist der Schwachpunkt gefunden und behoben, wird die liebe Mieze ihr Katzenklo in alter Manier benutzen.

Für unsere Samtpfoten ist es ausgesprochen wichtig, sich bei ihrem täglichen Harn- und Kotabsatz sicher sowie ungestört zu fühlen. Ganz wie wir Menschen auch. Es gibt nur einen klitzekleinen Unterschied. Wir Menschen bevorzugen ein heimeliges und geschlossenes stilles Örtchen. Die lieben

Miezen eine riesige, standfeste Sandkiste mit Rückendeckung und möglichst weitem Blick über das Revier. Unter natürlichen Bedingungen sind Frau und Herr Katze bei ihrem Urin- und Kotabsatz angreifbar wie in kaum einer anderen Lebenssituation, abgesehen von einer Geburt. Zwar sollte das Katzenklo an einem ungestörten Plätzchen positioniert werden, allerdings ist die Menschentoilette selten ein geeigneter Ort. Zum einen ist diese meist sehr eng und zum anderen gibt es nur einen Zugangsweg. Das Sicherheitsbedürfnis hat oberste Priorität und dazu zählen auch ungefährliche Zugangswege. Zudem ist ein stabiler Untergrund für die Katzentoilette unverzichtbar. Die meisten Katzenhalter können von den wahren Graborgien ihrer Stubentiger ein Lied singen. Daher ist immer auf ausreichend Streu zu achten.

Zu den recht hartnäckigen Materialvorlieben unserer Katzen zählt die allseits beliebte Bademattte, welche wunderbar weich zum Graben und Scharren ist. Zudem ist sie regelmäßig wieder sauber und wohlduftend. Was will Katze mehr? Mit etwas Geduld und einem reizvollen Angebot lassen sich solch Vorlieben erfolgreich umlenken.

Die im Handel erhältlichen Toiletten sind überwiegend zu klein. Unsere Stubentiger sollten sich gemütlich umdrehen können, um in Ruhe und ganz in Katzenmanier eine Mulde graben und sich richtig positionieren zu können. Sprich, die Diagonale sollte ungefähr eineinhalbmal der Länge (ohne Schwanz) der Katze entsprechen. Am besten eignen sich Mörtelträge vom Baumarkt (stehen besonders stabil) oder »Unterbettboxen« aus dem Möbelfachgeschäft. Bitte beim Umfunktionieren in ein Katzenklo unbedingt auf scharfe Kanten achten. Bei besonders grabfreudigen Samtpfoten machen hohe Toiletten durchaus Sinn, wie vermutlich viele Katzenhalter bestätigen werden. Bei aller Liebe zu unseren Miezen, das Katzenstreu darf bleiben, wo es hingehört, in der Kiste. Katzen setzen, anders als wir Menschen, Kot und Urin in zwei Verhaltenssequenzen ab. Sie drehen nach dem Urinabsatz eine Ehrenrunde, ehe sie andernorts ihren Kot platzieren. Daher sollte man pro Katze zwei Toiletten anbieten. Akzeptieren sie eine, sind sie schlicht und ergreifend tolerant.

Angst und Stress liegen nahe beieinander. Ihre Ausprägungsformen sind sehr unterschiedlich, wobei immer die subjektive Wahrnehmung zählt. Bei Ängsten in konkreten Situationen können wir leichter helfen, dennoch spielen auch hier Wesen und Charakter einer Katze zentrale Rollen. Wie bei uns Menschen, haben Dauerstresssituationen sowie massive Angst bei unseren schnurrenden Vierbeinern ebenfalls Auswirkungen auf physischer Ebene, wie etwa auf das Herz.

### Angst vor dem Tierarzt

Hat unser Stubentiger bereits schmerzhafte Erfahrungen mit dem Tierarzt machen müssen, wird er sich über kurz oder lang zu einer wahren Kampfkatze in der Ordination entwickeln. Katzen erstarren selten, überwiegend wehren sie sich unmissverständlich und fahren ihre messerscharfen Krallen aus. Mit etwas Glück ist die Angst mit diesem einen Tierarzt und nicht zugleich mit den Gerüchen vor Ort verknüpft. Einen anderen Veterinär zu wählen, erachte ich in diesem Fall als sinnvoll. Wir machten diese Erfahrung mit einem unserer »Kampfkater«, als wir für eine sanfte osteopathische Behandlung einen anderen Tierarzt aufsuchten. Plötzlich war unser Kater die Sanftmut in Katzenperson. Alte Verknüpfungen können durch einen sanften, einfühlsamen Umgang durchbrochen werden. Auf diese Art können wir unseren Samtpfoten helfen, neue positive Erfahrungen zu sammeln und eine Beziehung zum Tierarzt und der Ordination herzustellen. Zudem kann sich der Veterinär intensiver mit unserem Stubentiger beschäftigen, um Vertrauen aufzubauen. Dies hängt natürlich immer vom guten Willen unserer Mieze ab.

*Angst vor dem Katzenkorb*

Ein klassischer Fall ist der negativ besetzte Katzenkorb, der nur bei Fahrten zum Tierarzt benutzt wird. Vorausgesetzt, dass die Stubentiger mit dem Tierarzt bereits Schmerzen und Angst verbinden, verknüpfen sie diese Erfahrungen infolge mit dem Katzenkorb. Viele Miezen empfinden die Box als einengend und nicht als einen Ort der Sicherheit. Der Grund liegt darin, dass unsere Miezen selten an den Korb und oder an Autofahrten gewöhnt sind.

Ein Katzenkorb lässt sich mit einfachen Mitteln neu »besetzen«. Um die Wohlfühlatmosphäre zu fördern, kann ein Spray mit Gesichtspheromonen nützlich sein. Das Spray ist beim Tierarzt sowie in Apotheken erhältlich, teilweise im Fachhandel und natürlich online. Sobald der besprühte Katzenkorb trocken ist, kann unsere Mieze ihre Box mit ihren eigenen Gesichtspheromonen markieren.

Weitere begleitende Maßnahmen sind Baldrian, Katzenminze oder Geißblatt. Mithilfe von Leckerlis kann die Angst vom Katzenkorb ebenfalls überwunden werden. Der Katzenkorb bleibt vorerst offen und steht zur freien Verfügung. Wichtig ist, dass sich die Mieze freiwillig hineinbegibt.

Ist die Transportbox für unsere Samtpfote positiv besetzt, nehmen wir ihr viel Stress und Angst. Der Ort der Angst wird zu einem Ort der Sicherheit und Geborgenheit. Natürlich ist es wichtig, interessantere Ausflüge einzubauen und nicht nur den Tierarzt mit dem Katzenkorb aufzusuchen.


*Aggressives Benehmen*

Katzen sind nicht vollständig domestiziert und aggressives Verhalten zählt zu ihrem natürlichen Verhaltensrepertoire. Ein Teil in unseren Miezen bleibt immer wild und erst durch uns Menschen werden sie mehr oder weniger gezähmt.

Unsere lieben Stubentiger sind gut gewappnete Geschöpfe, wenn es darauf ankommt. Falls sie es für nötig erachten, können sie kräftig beißen und kratzen. Dies ist noch längst kein abnormes Verhalten. Häufig liegt ein simples Missverständnis im Hintergrund, weil wir Menschen ihre Signale und Körpersprache oft nicht richtig deuten können. Daraus resultiert, dass wir viele ihrer subtilen Kommunikationsversuche mit uns ganz einfach übersehen. Wir dürfen uns Zeit nehmen, genauer hinschauen und erfühlen, was uns die liebe Samtpfote sagen will.

Katzen lernen, ihre enormen Waffen – Zähne und Krallen – durch das ausgelassene Spiel mit Geschwistern und durch die Erziehung der Mutter mit Bedacht einzusetzen. Selbstkontrolle, Beißhemmung und Frustrationstoleranz wollen auch unter Stubentigern erlernt werden, und wo ist dies leichter als im Kreise der Familie?

Selbst bei aggressiven Verhaltensweisen, die aus dem Ruder zu laufen drohen, sind wir zuerst gefordert, unseren Stubentiger so anzunehmen, wie er ist. Dann verschaffen wir uns in Ruhe einen Überblick über die Situation und versuchen einzuschätzen, inwieweit das Verhalten den jeweiligen Umständen angemessen ist.

Im Bereich Aggression gibt es auffälligeres Gebaren bis hin zu den »Verhaltensstörungen«. Es gilt immer, das subjektive Erleben unserer Samtpfoten zu berücksichtigen. Katzen haben stets einen guten Grund für ihr Benehmen.

Durch gezieltes Verhaltenstraining wird versucht, das unerwünschte Verhalten eventuell sanft zu unterbrechen, zu ignorieren oder sacht umzulenken und parallel ein Alternativverhalten anzubieten. Auf der Gefühlsebene sind wir dafür zuständig, positive Emotionen in unserer Samtpfote zu erwecken, aggressive Tendenzen zu mildern, Energien zu kanalisieren sowie der lieben Mieze zu helfen, sich zu entspannen. Wir entziehen Besorgnis, Stress und Angst den Nährboden. Wenn das nicht möglich sein sollte, bemühen wir uns, diese heftigen Emotionen deutlich zu mindern. So kann etwa eine spielende Katze weder gleichzeitig Angst noch Aggression empfinden. Unter anderem können wir uns dies bei einer Katzenzusammenführung oder bei Missklängen in einer Miezengesellschaft wunderbar zunutze machen. Wir bringen beispielsweise unsere Mieze mit einigen Metern Abstand zu ihrem Artgenossen in Spiellaune. Kurze Sequenzen genügen für den Anfang. Die erzeugten guten Gefühle wird sie mit dem anderen Stubentiger verknüpfen und die Toleranz ihrem Artgenossen gegenüber wird erhöht. Allerdings darf dieses gezielte Spiel nie zu wild ausfallen. Unterm Strich sind wir bestrebt, Frau und Herr Katze Erleichterung zu verschaffen. Geht es der Katze gut, ist auch der Mensch glücklich.

Ich habe immer wieder die Erfahrung gemacht, dass Aktionen und Reaktionen in einer bereits bestehenden Katzengruppe überwiegend auf die Vermeidung ernsthafterer Auseinandersetzungen ausgerichtet sind. Generell liegt es in der Natur der Sache, dass aggressive Verhaltensweisen so gut wie immer mit energiesparenderem Drohverhalten starten. Auch in Miezengemeinschaften werden viele Missstimmungen bis hin zu Konflikten zuerst indirekt, sehr subtil und bevorzugt passiv aggressiv mitgeteilt. Gewiss auch deswegen, um erst einmal die Lage zu sondieren und weil jeder Kampf viel Energie kostet.

Im Katzenalltag sieht das so aus: Kater Karlo »verliegt« scheinbar ruhig den Gang und starrt dabei seinen kätzischen Wohnungsgenossen Bruno an. »Er tut doch nichts, er liegt nur da«, meinen seine Menschen. Ganz so einfach ist es eben nicht. Kater Karlo lotet gerade Revieransprüche aus und provoziert auf unhöfliche Art und Weise Kater Bruno. Unhöflich bis aggressiv, könnte man sagen. Kater Bruno lässt sich aus der Reserve locken und tritt infolge aktiv Kater Karlo entgegen. In dieser sehr häufig zu beobachtenden Situation erliegen wir Menschen leicht dem Irrtum, dass Kater Bruno der schlimme Übeltäter sei. Den Startschuss legte allerdings Kater Karlo auf seine kätzisch ausgeklügelte Art. Natürlich ist immer der Gesamtkontext zu betrachten sowie das Ausdrucksverhalten als Gesamtpaket: Wie ist die Ohrstellung? Was sagen die Augen inklusive der Oberlidspannung? Was spricht das Stimmungsbarometer Schwanz?

Wenn ein aggressives Verhalten plötzlich auftritt, ist eine tierärztliche Abklärung unabdingbar.

Die Spielaggression wird meist von uns Menschen anerzogen. Eine reizarme Umgebung, Langeweile aufgrund mangelhafter Beschäftigung und oder restriktive Lebensbedingungen können die Ursachen dafür sein. Zudem ist ein relativ häufiger Grund das zu grobe Spiel durch Menschenhand. Da wir damit der Katze unsere Extremitäten als Beute erst richtig schmackhaft machen, sollte das Spiel mit bloßer Hand vermieden werden.

Territorial motiviert aggressives Verhalten ist neben dem angstaggressiven Verhalten häufig zu beobachten, wenn eine neue Samtpfote in den bereits bestehenden Katzenbestand aufgenommen wird. Zudem sind Kätzinnen territorialer veranlagt als ihre männlichen (insbesondere unkastrierten) Artgenossen. Sie haben auch bedeutend mehr zu verlieren, da sie den Nachwuchs aufziehen.

Wenn ein fremder Artgenosse dem Heim erster Ordnung (Kernbereich, Primärheim) empfindlich nahekommt, kann die Besorgnis unserer Samtpfoten hohe Wellen schlagen und die Auswirkungen können folgenschwer sein. Steht etwa die Terrassentüre eines Tages offen und kommt es zu einer unvermuteten Begegnung, ist ein direkter Angriff des »Territoriumeigentümers« höchst wahrscheinlich und kann durchaus heftig ausfallen. Unser Stubentiger kann heillos überfordert sein, wie ich es bei einigen unserer Samtpfoten erlebt habe. Wenn die Angstkomponente überhandnimmt, können wir in diesem Zusammenhang Übergänge in Richtung angstaggressives Verhalten beobachten.

In einigen Fällen rate ich dazu, fremde Katzen oder jene frechen Wichte aus der direkten Nachbarschaft, die der heimischen Mieze unnötig Stress bereiten, zu vertreiben. Dies ist mit einfachen Maßnahmen wie einer simplen Sprinkleranlage zur Gartenbewässerung möglich. Es soll natürlich keiner Mieze ein wirklicher Schaden zugefügt werden. Dennoch sollten wir mit Stubentigern, die einen rüpelhaften bis tyrannischen Eindruck hinterlassen und denen es an höflichen Umgangsformen zu fehlen scheint, nachsichtig sein. Unter Umständen blieb ihnen eine gute Kinderstube versagt. Wenn unserer Mieze nach der siebten bis achten Woche kein weiterer Kontakt zu ihresgleichen eingeräumt wird, kann für sie später das Zusammenleben mit anderen Stubentigern aus mehreren Gründen eine wahre Herausforderung darstellen. Zwar haben sie eine Grundsozialisation erhalten und erkennen ihren Artgenossen als solchen, allerdings fällt es ihnen schwer, sich auf allen Ebenen adäquat zu verhalten. Einige junge Kater erwecken den Eindruck, als wüssten sie nicht wohin mit ihrer überschüssigen Energie. Sie scheinen den Rest der Miezengesellschaft oder bevorzugte Kandidaten aus schierer Langeweile schikanieren zu wollen. Katzen haben immer einen Grund für ihr Verhalten und daher dürfen wir auch hier genauer hinsehen.

### Angstaggressiv motiviertes Verhalten

Dies ist die häufigste Form aggressiven Verhaltens bei Katzen, wenn sie einander nicht vorgestellt wurden und plötzlich ein Heim teilen sollen. Selbsterhalt und Selbstverteidigung sind in diesem Zusammenhang relevante Größen. Ist Fliehen zum Beispiel nicht möglich, dann werden sich unsere Schnurrmonster in Selbstverteidigung aggressiv verhalten. Zudem kann innerhalb weniger Sekunden Stress in angstaggressiv-motiviertes Verhalten kippen.

Katzen verfügen nicht über die Verhaltenssequenz einer speziellen »Demutsstellung«. Haben unterlegene Katzen die Wahl zwischen Kampf oder Flucht, werden sie sich bevorzugt aus der Affäre zu ziehen versuchen. Wer verschwendet schon gerne unnötig Energie, wenn es auch anders geht. Unterwerfung im herkömmlichen Sinn ist Frau und Herrn Katze bekanntlich fremd.

## Aggressivität beim Streicheln

Gemütlich sitzen wir mit unserem Stubentiger am Schoß auf dem Sofa, sehen vielleicht fern oder lesen ein Buch. Wie nebenbei streicheln wir über das weiche Fell unserer geliebten Samtpfote und plötzlich, wie aus heiterem Himmel, packt sie uns und fährt ihre Krallen tief in unsere Haut.

Die Sensibilitäten unserer Samtpfoten sind in Bezug auf Berührungen sehr unterschiedlich ausgeprägt. Ebenso, ob sich Stubentiger hochnehmen oder tragen lassen wollen. Festgehalten zu werden, widerspricht dem Wesen der Katzen. Ihre Nähe- und Distanzregeln sind zudem von ihrer jeweils sehr individuellen Natur geprägt und von uns zu respektieren. Druck erzeugt immer Gegendruck. Gewalt erzeugt Gewalt.

Unsere Stubentiger kommunizieren sehr wohl ihre Anliegen und warnen uns. Anspannungen im Körper, wenn auch nur im Oberlid des Auges, sind immer gute Warnzeichen, die Hände lieber wegzunehmen. Zumindest den aus Unmut klopfend schlagenden Schwanz kennen wir. Spätestens dann, sollten wir unsere geliebte Katze in Ruhe lassen. Übersehen wir immer wieder die Warnsignale oder bestrafen sie womöglich noch, wird unsere Mieze irgendwann keine Warnzeichen mehr setzen und sofort zupacken.

Ein typisches Beispiel dafür ist Waldemar, liebevoll Waldi genannt: Eines schönen Tages war er einfach da. Er bekam den Namen Waldemar, weil er sich aus dem nahen Wald zu uns gesellte und einer Norwegischen Waldkatze ähnelte. Mit erhobenem Schwanz näherte er sich selbstsicher an, schmierte sogleich um meine Beine und schnurrte aus Leibeskräften. Sein langes, wenn auch etwas zerzaustes Fell lud förmlich dazu ein, ihn vorsichtig zu streicheln. Eine Unaufmerksamkeit, eine Berührung zu viel und seine Krallen und Zähne bohrten sich auch schon in meine Hand. Dieser Vorfall liegt einige Jahre zurück und ja, ich war erschrocken. Allerdings passierte mir diese Unachtsamkeit nie wieder. Ab nun »hörte« ich auf seine Warnsignale, die sich in leichten Anspannungen seines Körpers und im Gesicht, in einem Blick oder in einer Anspannung des Oberlides seiner Augen abzeichneten. Manchmal schenkte er uns mit seinem Schwanz deutlichere Sichtzeichen. Dreimal streicheln war genug für ihn, auch wenn er es liebte, lange auf mir zu liegen und genüsslich vor sich hin zu schnurren.

Selbstverständlich gibt es auch andere Gründe, weshalb unser Stubentiger Berührungen vermeidet. Machte er etwa mit der menschlichen Hand negative Erfahrungen, wird er diese infolge meiden. Mit einem vorsichtig aufgebauten Desensibilisierungstraining lässt sich hier wunderbar Abhilfe schaffen. Schmerz oder Krankheit als mögliche Verursacher will ich ebenso wenig unerwähnt lassen wie gewisse »Übersensibilitäten« der Nervenbahnen. Warum auch immer, manche Stubentiger empfinden längeres Streicheln als unangenehm, was wir respektieren sollten.

## Umgerichtet aggressives Verhalten

Durch ein simples Missverständnis und einer damit verbundenen umgerichteten Aggression, können lang bestehende Katzenfreundschaften von einem Moment auf den anderen zerbrechen. Geschwisterpaare sind davon nicht ausgenommen. Durch ein Missverständnis kommt es zu einer Fehlverknüpfung und diese führt zu dem Aus der Freundschaft zwischen den Miezen. Wir können einzig über positive Erfahrungen im Miteinander neue Verknüpfungen und somit langsam neues Vertrauen aufbauen und somit den Miezen zu einer neuen Freundschaft verhelfen. Dies benötigt in den meisten Fällen Zeit.

Die Ausgangssituation ist vollkommen harmlos. Unser Kater Merlin blickt entspannt durch die Glasscheibe hinaus in sein vermeintliches Revier, den Garten. Plötzlich erspäht er eine fremde Katze in seinem Territorium, welche sich dem Haus und somit dem Heim erster Ordnung ungefragt nähert. Der Eindringling wird als direkte Bedrohung und als eine Art Gefahrenquelle im Revier eingestuft. Je näher sich ein Stubentiger bei seinem eigenen Primärheim aufhält, desto stärker fühlt er sich und desto vehementer wird er kämpfen, sofern ihm die Möglichkeit geboten wird.

Um die Gefahr zu bannen, muss Merlin den Störenfried vertreiben. Nur so kann er seine Ressourcen schützen und sich wieder sicher fühlen. Hinzu kommt die erhöhte »Revierkampfbereitschaft« kastrierter Kater. Für unseren Merlin ist die Lage äußerst ernst. Nun kann er aber nicht hinaus, weswegen sich in ihm die hochsteigenden aggressiven und mit Angst durchsetzten Gefühle aufstauen. Leider kommt Katzenfreundin Lisa nichts Böses erwartend genau in diesem Augenblick ins Zimmer, ohne den Ruhestörer im Garten gesichtet zu haben. Ahnungslos gesellt sie sich zu ihrem Freund Merlin. Dieser reagiert seine aufgestaute Aggression an Lisa ab, die absolut nicht weiß, wie ihr geschieht. Für Merlin ist danach alles wieder eitel Wonne Waschtrog, wohingegen für Lisa das Band der Freundschaft zerissen ist. Sie traut Merlin nicht mehr über den Weg. Das Vertrauen ist dahin.

Mit viel Liebe, Zeit und Geduld sowie einigen Tipps und Tricks, wie zum Beispiel den Gruppengeruch unter den

Katzen wiederherzustellen, können auch hier wahre Wunder vollbracht werden.

# 11. Psychosomatischer Stubentiger

Wir haben gehört, dass sowohl Frau wie auch Herr Katze zu psychosomatischen Erkrankungen neigen. Der Bogen spannt sich von der Blasenentzündung (Feline Idiopathic Cystitis, FCI) über Magen-Darmerkrankungen, Hauterkrankungen bis hin zur Epilepsie. Körper, Geist und Seele bilden bei Mensch und Tier eine Einheit, wobei der physische Körper eine Art Eigenleben führt.

Unsere Samtpfoten können nicht nur wie wir Menschen an psychosomatischen Erkrankungen leiden, sie können genauso aus seelischen Gründen an Gewicht zulegen oder abmagern. Auch Katzen kann im wahrsten Sinne des Wortes einiges auf den Magen schlagen und/oder den Appetit verderben. Auf der anderen Seite können sie sich ebenso einen »Kummerspeck« zulegen. Leider machen übergewichtige Miezen auf uns einen zufriedenen bis fast gelassenen Eindruck. In Wahrheit sind sie dies nur sehr bedingt im Rahmen ihrer Fressenszeiten. Kauen beruhigt bekanntlich und weil zu fressen gute Gefühle schenkt, kann sich die Nahrungsaufnahme auch bei Frau und Herrn Katze zu einer selbstberuhigenden Ersatzhandlung entwickeln. Miezen mit Angststörungen können unter anderem zu dieser Form der Selbstberuhigung greifen. Gleichermaßen sind Langeweile bis hin zu Depressionen mögliche Gründe für eine vermehrte Nahrungsaufnahme. Daher ist wie immer der Gesamtkontext zu betrachten. Bei wirklich adipösen Miezen kann im Laufe der Jahre der Stoffwechsel entgleisen – wie es auch bei uns Menschen der Fall sein kann.

Wenn insgesamt der ertragbare Grad an Besorgnis, Stress und/oder Angst überschritten wird, und gleichzeitig keine erfolgsbringenden »Kompensationsmechanismen« vorhanden sind, wird der Organismus über kurz oder lang krank. Irgendwo muss die Energie der erlebten Belastung ein Ventil finden. Anders ausgedrückt: Das System kippt, wenn das Maß des Ertragbaren überschritten wird. Dies kann ihren Ausdruck gleichermaßen in einer psychischen und oder in einer physischen Erkrankung finden. Das Ausmaß ist schlicht sehr unterschiedlich und hängt unter anderem davon ob, wie gut oder schlecht das jeweilige Lebewesen mit den Belastungen umgehen kann. Im Optimalfall können sie rasch aufgelöst und somit losgelassen werden. Es geht stets um die subjektive Wahrnehmung des Erlebten, welche immer individuell ist.

Unsere Samtpfoten müssen aufgrund ihres sensiblen und rasch besorgten Wesens zur Psychosomatik neigen. Da unsere Miezen ihr Leid selten offen zur Schau tragen, lassen wir uns leicht über ihr wahres Befinden in die Irre führen. Viele Stubentiger wirken nach außen häufig gelassener und entspannter, als sie es tatsächlich sind. Sehen und spüren wir genauer hin, bemerken wir ihren Leidensdruck. Hatten Katzen zum Beispiel nie die Chance auf eine angemessene Sozialisation mit Artgenossen, kann für diese Samtpfoten das Leben in einer Miezengesellschaft Stress und Angst bedeuten. Wo soll diese Energie hin? Erkrankungen werden auf längere Frist Tür und Tor geöffnet, sofern wir der lieben Mieze nicht anderweitig helfen können. Das Wie ist im Einzelfall zu prüfen und zu entscheiden. Manchmal ist es zum Wohle aller besser, ein neues Zuhause für den Stubentiger zu suchen.

Bei psychosomatischen Erkrankungen müssen demnach nicht nur die psychischen Belange verbessert werden (inklusive der Lebensbedingungen), auch der Organismus benötigt Zuwendung und bedarf häufig einer Behandlung. Auch die körperliche Gesundheit will wiederhergestellt werden, was eine gewisse Zeit in Anspruch nehmen kann. Wenn wir das eine gänzlich getrennt vom anderen betrachten und behandeln, werden wir keine vollständige Heilung erzielen. Immerhin stehen diese Anteile in Resonanz zueinander.

Neben den bereits erwähnten Mobbingsituationen in Miezengesellschaften gibt es weitere zahlreiche Veranlassungen auf psychischer Ebene, die unsere Stubentiger belasten, stressen oder ängstigen können.

*Tom der Freigeist*

Vor vielen Jahren übernahmen wir einen Kater, der laut Auskunft der Tierhalterin mit den Bedingungen der Wohnungshaltung nicht klarkam. Unter anderem vokalisierte er ohne Ende und schien nie zur Ruhe zu kommen. Jagdaggressives Verhalten inklusive. Genauere Details erfuhren wir nicht. Allerdings hatte ich den Eindruck, dass ihn die Katzenhalterin sehr ins Herz geschlossen hatte und wirklich das Beste für ihren Kater wollte.

Tom war ein großer, kräftiger, schwarzweißer, kastrierter Kater. Er lebte mit Freigang auf und verbrachte den Großteil der Tage und Nächte im Garten und den angrenzenden Arealen. Seine Blessuren durch Auseinandersetzungen mit fremden Katern der Umgebung waren leider nicht von schlechten Eltern. Er war ein sehr wehrhafter Kater und nicht unbedingt von sensibelster Natur. Obgleich er die ersten zwei Lebensjahre in einer Wohnung zugebracht hatte, war sein wilder Anteil eindeutig ungebrochen. Ein Teil unserer Stubentiger bleibt immer wild und bei manchen ist dieser Anteil wilder als bei anderen. Gleichzeitig brauchte und genoss Tom die menschliche Zuwendung und Nähe. Ich werde nie vergessen, wie er bei uns einzog. Er war gerade einmal einen Tag im Haus und entwischte sofort durch das Fenster. Wir fürchteten, dass wir ihn zum letzten Mal gesehen hatten. Zwei Tage später erschien er maunzend auf der Bildfläche, spazierte wie selbstverständlich bei der Terrassentüre herein, als hätte er immer schon hier gelebt.

Für diesen freiheitsliebenden und äußerst eigenständigen Kater war es die rechte Wahl, einen Platz mit Freigang zu wählen. Er machte einen sehr glücklichen Eindruck.

Dauerstress entsteht vor allem in disharmonischen Katzengruppen, bei zu vielen Stubentigern auf beschränktem Raum bis hin zu Mobbingsituationen in einer Miezengesellschaft. Die soziale Inkompatibilität zweier Katzen kann sich einzig durch das offenkundige Meiden der Partnerkatze bemerkbar machen und sollte nicht unterschätzt werden. Ich erwähne diese Thematik deshalb immer wieder, weil ich bereits einen Fall mit Todesfolge miterleben musste. Zudem finden sich häufig zu viele Samtpfoten unter einem Dach. Manchmal ist es notwendig, einen guten neuen Platz für eines der Tiere zu finden. Die schwächsten Samtpfoten kommen zuerst, sie benötigen uns am meisten. In den überwiegenden Fällen rate ich dazu, für das gesündeste und stärkste Tier ein neues Heim zu suchen. Allerdings sei auch hier Vorsicht vor einer Pauschalisierung geboten. Es ist wie so oft, individuell zu entscheiden. Verständlicherweise ist es für liebevolle Tierhalter oftmals sehr schwer, eine Samtpfote abzugeben. Daher betone ich nochmals, dass es in manchen Fällen der größte Liebesbeweis und verantwortungsvollste Akt ist, ein schönes neues Zuhause mit liebevollen Menschen für den Stubentiger zu finden. Wir Menschen sind durchaus ersetzbar, so hart dies klingen mag. Auch hier spreche ich aus Erfahrung, denn alle in der Vergangenheit übernommenen Tiere lebten sich sehr gut ein und knüpften ausnahmslos tiefe Bande zu uns. Wohlüberlegt habe ich jedoch auch schon zwei Tiere innerhalb der Familie abgegeben. Obgleich es sehr bewusste Entscheidungen waren, plagten mich Gefühle des Versagens und des schlechten Gewissens. Als ich ihm Nachhinein sah, wie gut es den Tieren ging, verflogen diese Emotionen und ich wusste, dass es die richtigen Entscheidungen gewesen waren. Eine starke Bindung blieb erhalten, wenngleich nicht mehr in der gleichen Intensität. Die »neuen« Menschen waren nun die absoluten Bezugs- sowie Vertrauenspersonen. Loslassen war nicht zuletzt auch in meinem Leben ein Thema. In meiner Arbeit mit Mensch und Tier ist es essentiell, immer den individuellen Einzelfall unter die Lupe zu nehmen. Keine Situation gleicht einer anderen. Wir dürfen immer Rücksicht auf die Kapazitäten der Tierhalter nehmen. Der Blick auf das Gesamte zählt.


*Psychosomatische Blasenentzündung*

Katzen neigen zu psychosomatischen Blasenentzündungen, die im medizinischen Terminus »Feline Idiopathic Cystitis (FIC)« genannt werden. Hierbei handelt es sich, vereinfacht ausgedrückt, um eine Entzündung der Blase ohne direkte Ursache (idiopathisch), wie Bakterien oder Keime. Vielmehr scheint bei diesen Samtpfoten der neurobiologische Draht zwischen Psyche und Blase besonders ausgeprägt sowie belastet zu sein. Während meiner Tätigkeit in der Ambulanz des Tierspitals an der Veterinärmedizinischen Universität Wien wurde ich unzählige Male Zeugin dieser Erkrankung. Um ehrlich zu sein, hätte ich nicht gedacht, wie häufig Katzen darunter leiden. Man könnte fast meinen, dass Stubentiger mit FIC »neurobiologisch besonders sensibel ausgerüstet« sind.

Es ist eine Hypothese, dass bei der »Feline Idiopathic Cystitis« (FIC) Stress zu einer direkten Reaktion der Blasenwand führt. Die Verdickung der Blasenwand ruft eine Reizung der Nervenfasern hervor. Blasenentzündungen dieser Art können innerhalb von einer halben Stunde auftreten. So rasch wie sie kam, so rasch kann sie wieder verschwinden. Im wahrsten Sinne des Wortes tritt die »Feline Idiopathic Cystitis« (FIC) über Nacht auf und sie scheint für viele Stubentiger ein bewährtes Ventil zu sein. Immer wieder berühren mich genau diese Miezen, weil sie sich allesamt rasch besorgt, verunsichert und gestresst fühlen können. In ihren Augen spiegeln sich diese Emotionen klar wider. Veränderungen jeglicher Art stellen für diese Vierbeiner besondere

Herausforderungen dar. Zudem beobachtete ich, dass sie sich häufiger über ihr Mäulchen schlecken, wie es Katzen generell in unangenehmen und oder verunsichernden Situationen tun.

Wie die »Feline Idiopathic Cystitis« (FIC) sind auch alle anderen Harnwegserkrankungen ernst zu nehmen. Nicht zuletzt deshalb, weil sich rasch Harnkristalle oder gar Harnsteine bilden, die wiederum zu einer Reizung bis hin zu einem Verschluss der harnableitenden Wege führen können. Pilze und Bakterien können durch eine Anhäufung abgestorbenen Zellgewebes ebenfalls Probleme beim Durchfluss der Harnwege verursachen. Jeder Harnstau sollte ärztlich abgeklärt werden, da er nicht zuletzt Nierenschäden verursachen kann. Hierbei handelt es sich um schmerzhafte Prozesse, weswegen immer ein Tierarzt aufgesucht werden sollte.

## Scheidungsweise Burli

Burli ist ein interessantes Beispiel hinsichtlich der Komplexität und des Wechselspiels zwischen mentaler, körperlicher und seelischer Ebene. Um nicht zu vergessen, wie sehr unsere Samtpfoten mit uns in Resonanz gehen und dennoch ihr Eigenleben haben.

Burli war ein reiner Wohnungskater, der mit seinen acht Jahren zehn Kilogramm auf die Waage brachte. Er hatte sich einen guten Schutzpanzer zugelegt. Kauen beruhigt bekanntlich nicht nur unsere Samtpfoten. Im Verdacht stand zudem, dass er bei seinen vorherigen Haltern im Laufe der Jahre auch aus Langeweile fraß. Sein Kampfgewicht war nicht von schlechten Eltern, daran hatte er wohl einige Jährchen gearbeitet.

Laut Auskunft seines behandelnden Tierarztes hatte Burli sein ganzes Leben an Harnkristallen gelitten und bekam daher Diätnahrung in Form eines Trockenfutters verabreicht. Sein Harn war zu wenig angesäuert und so bildeten sich immer wieder Harngrieß und Harnkristalle (je nachdem, ob der Harn zu viel oder zu wenig angesäuert ist, entstehen unterschiedliche Kristallarten). Nicht selten folgten schmerzhafte Episoden bis hin zu schweren Geburten besagter Kristalle. Laut Erzählung war bei den Vorbesitzern Burlis Harnröhre einmal derartig verstopft gewesen, dass kein Harnfluss mehr möglich war. Diese Kristalle können nicht »nur« durch die Verstopfung der Harnröhre zu Nierenschäden führen, sondern auch mit einer Amputation des Penis enden. Burli hatte Glück. Nierenschäden blieben aus und eine Amputation konnte abgewandt werden. Nicht auszudenken seine Schmerzen.

Die Anfangszeit in seinem neuen Zuhause gestaltete sich schwierig. Der arme Kerl war bereits mit dem Umzug heillos überfordert. Als Burli seine Blase in seinem neuen großen Heim, das für ihn noch nicht überschaubar war und auch noch einen Hund über die Feiertage beheimatete, über zwei Betten entleerte, blieben seine neuen Menschen zum Glück vollkommen ruhig und verständnisvoll. Burli konnte nicht anders. Sein direkter Draht zwischen Psyche und Blase war äußerst sensibel. Die Mischung seines Geruches mit jenen seiner neuen Menschen, denen er bereits vertraute, schenkte ihm ein intensives Gefühl von Sicherheit. In akuten Stress- und Angstsituationen musste er wie auf Knopfdruck große Mengen Harn lassen. In leichteren Stresssituationen setzten innerhalb kürzester Zeit Blasenentzündungen ein, bei denen er klassisch viele kleine Mengen Harn absetzte. Manchmal auch unter Beimengung von Blut.

Es war wichtig, anfänglich zusätzlichen Stress zu vermeiden und den Kater nur langsam mit Neuem zu konfrontieren. Ein ritualisierter Alltag war ebenso eine hilfreiche Unterstützung, wie sein neues soziales Umfeld räumlich wie zeitlich zu strukturieren. Seine neuen Menschen erkannten rasch, wie wichtig sichere Rückzugsorte für ihn waren.

Neben unserem regulierenden Einwirken schenken wir besorgten Katzen viel Stabilität und Sicherheit, in dem wir sie liebevoll sowie geduldig annehmen, wie sie sind. Wir tun das, was wir uns auch für uns wünschen. Jede Beziehung benötigt als Basis Vertrauen, was für Burli genauso eine Grundvoraussetzung war. Mithilfe einer stabilen Vertrauensbasis verhelfen wir unseren Schnurrmonstern, sich rasch sicher und geborgen zu fühlen. Burli brauchte neben der liebevollen Betreuung schlicht Zeit und Ruhe, um sich einzugewöhnen.

Eine konsequente Ernährungsumstellung auf überwiegend frische natürliche Kost mit einem hohen Anteil an rohem Fleisch, inklusive eines relativ stressfreien Lebens, einer äußerst liebevollen wie sorgsamen Betreuung durch seine neuen Menschen, sichere Rückzugsmöglichkeiten und verschiedene verhaltenstherapeutische Maßnahmen, ließen Blasenentzündungen, Unsauberkeit sowie die leidigen Harnkristalle der Vergangenheit angehören. Sein Harn hatte ab diesem Zeitpunkt konstant denn richtigen ph-Wert.

Sein Übergewicht konnte trotz vermehrter Bewegung inklusive Ausflügen in den Garten weniger leicht in den Griff bekommen werden. Zudem genoss Burli den sozialen Akt seiner neuen Halter, wenn sie ihm einen kleinen Happen reichten, während sie selbst speisten. Wie auch bei manchen Menschen, schien bei Burli die Nahrungsaufnahme viele Funktionen zu erfüllen. Wir sprechen im Humanbereich nicht umsonst von emotionalem Essen.

In der Verhaltenstherapie leistet natürlich der Tierhalter die Hauptarbeit und setzt mit meiner Unterstützung alles Erforderliche in die Praxis um. Aus eigener Erfahrung weiß ich, dass die Tage mit Berufstätigkeit manchmal sehr kurz werden können. Daher finden wir die bestmöglichen Kompromisse zwischen den Bedürfnissen des Menschen und jenen der Samtpfoten. Bei Krankheiten allerdings sind Kompromisse nur bedingt möglich.

Ein strukturiertes stabiles Heim, Liebe, Geduld, Güte und Zeit sind das A und O für eine erfolgreiche Verhaltensarbeit, für ein glückliches zufriedenes Katzenleben sowie für eine harmonische Mensch-Katzen-Beziehung. Burli ist kein Einzelfall.

## Psychosomatischer Magen-Darm-Trakt oder »Hirn im Bauch«

Auch das Magen-Darm-System kann aus psychosomatischen Gründen bei Mensch und Katze ordentlich aus dem Takt geraten. Man weiß heute, dass sich im Magen-Darm-System unzählige Nervenzellen befinden, die enteralen Nervenzellen. Aus evolutionärer Sicht sind diese um einiges älter als das Gehirn und zugleich sind sie einander neurochemisch sehr ähnlich. Vereinfacht ausgedrückt existiert neben dem »Kopfhirn«, ein »Bauchhirn«. Über die Bauch-Hirn-Achse findet zudem ein reger Austausch zwischen Darm und Gehirn statt. Wohlgemerkt in beide Richtungen. Da das »Bauchhirn« unabhängig vom »Kopfhirn« arbeitet, koordiniert das enterale Nervensystem des Darmes eigenständig die Verdauung wie etwa die Peristaltik. Zwar kann das »Darmhirn« nicht denken, Gehirn und Darm benutzen allerdings die gleichen Botenstoffe. Infolge vermag der Darm sehr wohl unser Verhalten, unsere Gesundheit im Allgemeinen sowie unsere Gefühlswelten zu beeinflussen.

*Ein Beispiel am Botenstoff Serotonin:* Bei uns Menschen werden rund 95 Prozent des Botenstoffes Serotonin in den Darmzellen hergestellt. Dementsprechend finden wir eine große Anzahl von Serotonin-Rezeptoren (Reizempfänger für Serotonin) nicht allein im Gehirn, sondern auch im Darm. Offenbar ist es unter anderem wesentlich an der Steuerung der Darmaktivität beteiligt. Serotonin erfüllt selbstredend auch bei unseren Tieren wichtige Funktionen. Nicht umsonst wird es allgemein als das »Glückshormon« schlecht-hin bezeichnet. Wen wundert es noch, dass sich ein Sero-toninmangel direkt auf das Verhalten auswirken und unter anderem zu Problemen bei der Selbstkontrolle, zu einer ge-ringeren Stressresistenz oder auch zu einer mangelhaften Konzentrationskraft führen kann. Im Humanbereich ist die Korrelation zwischen Ernährung und Erkrankungen des Nervensystems hinlänglich bekannt. Bei unseren Tieren ist es um nichts anders. Aus alldem lässt sich einmal mehr er-kennen, wie wichtig neben einem glücklichen, zufriedenen Leben eine ausgewogene Ernährung ist. Auch auf diesem Wege kann Einfluss auf die Emotionen und das Verhalten genommen werden.

Allerdings gibt es noch eine weitere wesentliche Korre-lation zwischen Darm und Gehirn. Die bei Fehlgärungen freigesetzten Stoffe machen die Darmwand bei Mensch und Mieze durchlässiger für größere Moleküle. Man nennt dies auch das »Leaky Gut Syndrome« oder »Löchriges-Darm-Syndrom«. Vereinfacht ausgedrückt gelangen größere Mo-leküle (etwa diverse Zusatzstoffe aus Fertignahrung, Schad- und Giftstoffe) in die Blutbahn, worauf das Immunsystem rasch reagiert und Antikörper bildet. Dies kann der erste Schritt in Richtung einer Allergieentstehung sein. In diesem Zusammenhang kann ein Teufelskreis erwachsen. Denn je mehr besagter Moleküle in die Blutbahn und infolge in den Stoffwechsel des Organismus geraten, desto verrückter spielt das Immunsystem und entwickelt stetig neue Abwehr-reaktionen. Auf diesem Wege kann eine Überempfindlich-keit nach der anderen verursacht werden. Dies wirkt sich na-türlich auf das allgemeine Wohlgefühl aus. Besagte größere Moleküle diverser Substanzen können schlussendlich auch die Blut-Hirn-Schranke überwinden und in das Zentralner-vensystem gelangen. Dort angekommen, beeinflussen sie die Übertragungsmechanismen des Gehirns, was unter anderem zu auffälligem Verhalten führen kann. Derartige Fehlgärungen entstehen großteils durch eine nicht artgerechte Ernährung unserer Miezen, wie sie durch industriell hergestellte Fertigfuttermittel verursacht werden können. Natürlich will ich diverse psychische Faktoren, Angst und Stress als (Mit-) Verursacher auch hier nicht außer Acht lassen. Einmal mehr wird offenkundig, dass Verhalten immer ein sehr komplexes Geschehen darstellt und Körper, Geist und Seele nicht voneinander getrennt betrachtet werden können. Es spielen immer mehrere Faktoren zusammen, einzig die Schwerpunkte sind unterschiedlich gelagert.

Für viele Leser sind das Reizdarmsyndrom, Gastritis oder etwa eine psychosomatisch bedingte Diarrhoe gewiss keine Fremdwörter. Desgleichen machen all diese Verdauungsstörungen psychosomatischen Ursprungs auch vor unseren Stubentigern nicht Halt. Sie können ebenso zeitversetzt nach längeren Belastungen oder in Akutsituationen auftreten. Stress bietet als Ursache auch in diesem Zusammenhang immer einen guten Nährboden, bei Mensch und Samtpfote gleichermaßen. Man möchte nicht glauben, wie viele Samtpfoten und ebenso andere Tiere an einer Gastritis leiden. Aus unterschiedlichsten Gründen versteht sich.

Insbesondere Dauerstresssituationen wie wir sie bei einer zu hohen Katzendichte auf beengtem Raum oder bei länger andauerndem Mobbing finden, benötigen viel Energie, die vom Gehirn bereitgestellt wird. Infolge kann es sein, dass der restliche Organismus auf eine Art »Notstromaggregat« umgeschaltet wird. Wenn folglich weniger Energie zur Verfügung steht, muss diese sinnvoll eingesetzt werden. Insbesondere die lebenserhaltenden Mechanismen werden am Laufen gehalten und so manch andere Prozesse fahren auf Sparflamme. Es ist fraglich, wie lange das der Organismus durchhält, ehe er ernsthaft erkrankt. Dennoch finde ich es äußerst interessant, wie der Organismus in seiner Gesamtheit stets bemüht ist, sich bestmöglich selbst zu regulieren. Neben der Beseitigung der Ursache sind entspannende sowie diätische Maßnahmen zur Unterstützung unerlässlich. Eine natürliche, frische Ernährung mit einer hohen Bioverfügbarkeit der Nährstoffe führt unweigerlich zu einer Stärkung des Organismus, damit zu einem besseren Nervenkostüm und als Folge zu mehr Wohlgefühl im Körper-Geist-Seele-System. Egal ob es sich um uns oder unsere geliebte Samtpfote handelt. Auch die Folgen eines Schocks oder Traumas, wie etwa in Form einer posttraumatischen Belastungsstörung (PTBS), können zu einer innerlichen Dauerstresssituation führen. Permanente Wachsamkeit, ein stets erhöhtes Erregungsniveau sowie eventuelle Schlafstörungen können bereits viel Energie kosten und sehr auszehrend wie belastend sein. Daher brauchen diese Miezen unsere ganze Aufmerksamkeit sowie unsere liebevolle und verständnisvolle Fürsorge.

## Kleiner Exkurs zu Darm und Stress

Die moderne Darmforschung ist nur ein Forschungszweig, der uns Menschen aufzeigt, wie ungesund eine permanente Stressbelastung für unseren Organismus ist. Nicht zuletzt beschreibt Giulia Enders in ihrem Buch »Darm mit Charme« auf amüsante wie informative Art die Multifunktionalität des Darms und wie dieses Organ nach wie vor unterschätzt wird. Nicht umsonst spricht man, wie bereits erwähnt, vom »Darmhirn«, bedingt durch seine umfangreichen Nervengeflechte inklusive seiner Verschaltungen, die sehr an das »Hirn im Kopf« erinnern, das separat und äußerst gut geschützt vom Rest des Körpers seinen Platz findet. Längst weiß man, dass sich bei unseren Kindern das »Darmhirn« parallel zum »Kopfhirn« entwickelt und entfaltet. Unser Darm ist eindeutig das größte sensorische Organ im menschlichen Organismus. Der wichtigste Nerv zur aktuellen Informationsübermittlung zwischen Gehirn und

Darm ist offenbar der Nervus Vagus. Der Darm erzählt dem Gehirn, was so alles im restlichen Körper vor sich geht und ob womöglich auf eine Notsituation umgeschaltet werden muss. Einer der häufig kommunizierten Gesprächsinhalte zwischen unserem Gehirn und dem Darm scheint Stress zu sein. Nicht umsonst ist das Reizdarmsyndrom heute in aller Munde. Bakterienforscher stellen sogar die Behauptung auf, dass »Stress unhygienisch ist«. Dies bedeutet, dass unter stressbedingt veränderten Lebensbedingungen andere Bakterien unseren Darm besiedeln und vor allem überleben als in generell entspannten Zeiten.

*Psychosomatische Haut*

Wir wissen heute, dass es durchaus zwischen Psyche und Haut einen direkten neurobiologischen Draht gibt. Vielleicht liegt ein Grund darin, dass die Haut und das Nervensystem aus demselben Keimblatt entstehen. Außerdem wird im TCM (traditionell chinesische Medizin) die Haut der Lunge zugeordnet, deren Partnerorgan wiederum der Dickdarm ist. Wenn man bedenkt, dass die Haut das größte Sinnesorgan darstellt, ist es nicht verwunderlich, dass auch in diesem Bereich psychosomatische Probleme auftreten können. Allerdings eröffnen sich hier oftmals weit komplexere Zusammenhänge, wie etwa Auswirkungen einer schlechten Ernährungsweise, mögliche Entgiftungsprozesse und/oder ein beeinträchtigter Darm. Der Darm wiederum kann selbst, wie bereits beschrieben, durch psychische Belange sowie Stress belastet sein und das kann etwa auch in einer Hautproblematik zum Ausdruck kommen. Dermatologische Erkrankungen sind entsprechend vielschichtig und auf mehreren Ebenen zu behandeln.

In diesem Zusammenhang sei die Psychogene Alopezie erwähnt. Diese tritt dann auf, wenn bei unseren Katzen aus einer entspannten Körperpflege zwanghafte Putzorgien entstehen. Sie verdeutlicht einmal mehr die Komplexität der Zusammenhänge zwischen körperlichen und seelischen Belangen. Es gibt in Wahrheit keine Trennung. Der Ursprung einer psychogenen Alopezie ist sehr häufig auf physischer Ebene zu finden und kann sich bei unseren lieben Samtpfoten verselbständigen und in ein zwanghaftes Verhalten münden. In diesem Sinn setzen die lieben Miezen ihr vermehrtes Putzverhalten in belastenden Situationen zum Stressabbau wie zur Selbstberuhigung ein. An erster Stelle steht auch hier die tierärztliche Abklärung. Allerdings dürfen wir zudem auf das seelische Wohlbefinden unserer Mieze achten, indem wir durch das Durchspielen ganzer Jagdsequenzen ihre Gefühlslage verbessern. Von Trichtern halte ich nichts. Diese bedeuten erneuten Stress für unsere Mieze. Zudem verstärkt jede Form der Beachtung des vermehrten Putzens, positive und negative, das Zwangsverhalten. Mögliche Stressoren sollten ausgeforscht werden. Einerseits bemühen wir uns, die besorgniserregenden Faktoren zu beseitigen und andererseits helfen wir unserer Mieze mit nicht beseitigbarem Stress besser umzugehen. Mit Wermuttee können wir oberflächliche (!) Wunden behandeln. Er wirkt leicht antibakteriell und schmeckt zudem äußerst bitter, was unseren Miezen gar nicht mundet und sie vom Schlecken abhält. Des Weiteren wirkt der Tee der Eichenrinde ebenfalls antibakteriell und mildert zudem Juckreize.

### »Wohlgenährte« Samtpfote Pummelchen

Bei Pummelchen handelt es sich nicht im eigentlichen Sinne um eine psychosomatische Erkrankung, sehr wohl aber um eine stressbedingte Angelegenheit. Pummelchens sehr persönlicher Regulationsmechanismus zur Selbstberuhigung war, vermehrt zu speisen. Die für mich relevante Frage ist nun, ob Pummelchen mit diesem Verhalten unter Umständen eine psychosomatische Erkrankung verhindern konnte.

Im Allgemeinen befürworte ich nicht, dass eine Mieze übergewichtig durch ihr Katzenleben wandert. Auf rein körperlicher Ebene fördert dies nicht unbedingt die Gesundheit und ist unter anderem für die Gelenke sowie das Herz-, Kreislaufsystem belastend. Diversen Stoffwechselstörungen, wie beispielsweise Diabetes, werden Vorschub geleistet. Aber sind wir uns ehrlich: »Nur zu oft isst die Seele mit.« Zumindest entspringt diese Feststellung meinen Beobachtungen und sollte in seiner wohltuenden sowie manchmal durchaus unterstützenden Wirkung nicht unterschätzt werden. Auch bei uns Menschen wurde der Begriff des »emotionalen Essens« geläufig. Eine vermehrte Nahrungsaufnahme hilft manchen Samtpfoten mit ihren starken Emotionen von Einsamkeit, Langeweile, Besorgnis über Depression bis hin zu Angst besser klarzukommen. Natürlich sollten wir in erster Linie versuchen, die Ursachen zu beheben und unserer Mieze behaglich entspannende sowie freudvolle Alternativen anzubieten. So einfach sind Theorie und Praxis allerdings nicht immer unter einen Hut zu bekommen, wie einer meiner Lieblingsfälle einer etwas pummeligen Katzendame, die ich kurz Pummelchen nennen möchte, verdeutlicht. Über ihre Vorgeschichte war wenig bekannt. Meines Erachtens nach litt sie an einem lange zurückliegenden Trauma und einer daraus resultierenden posttraumatischen Belastungsstörung. Dies waren die Ursachen für Folgeprobleme, auf die ich hier aber nicht näher eingehen möchte.

Kauen beruhigt nachweislich, was sich auch bei unserem Pummelchen feststellen ließ. Ich möchte meinen, dass ihr das Verspeisen vieler kleiner Mahlzeiten am Tage gute Gefühle schenkte und ihr zu einer gewissen inneren Balance verhalf. Auch bei unseren Miezen gibt es, wie bei uns Menschen, große Unterschiede, wie sie ihre Nahrung verspeisen. Einiges lässt sich für mich daraus ablesen. Wird das Hühnchen gierig herunter geschlungen, wird gustiert und nur zaghaft genippt oder scheint die liebe Mieze wie versunken zu sein in ihrem Mahle.

Sehr wohl hatte Pummelchen ein wenig zu viel auf den Rippen, dies wog allerdings die beruhigenden Wohlgefühle ihrer vermehrten Nahrungsaufnahme nicht auf. Gleichzeitig schien sie ein wahrer Gourmet in Katzengestalt zu sein. Bei Weitem mundete ihr nicht alles. Dies lag vor allem an ihrer Nahrungsprägung sowie den seelischen Verknüpfungen. Im Zuge der Therapie schenkten wir ihr neben Momenten der Entspannung durch sanfte Massagen in einer insgesamt angenehmen Atmosphäre mit ruhiger Musik, neuen erfreulichen Beschäftigungen wie dem regelmäßigem Durchspielen von Sequenzen des Jagdablaufs auch äußerst sichere Rückzugs- und Versteckmöglichkeiten. Traumatisierte Geschöpfe verlangen noch mehr als andere Lebewesen nach viel Ruhe, einem sehr klar strukturierten Umfeld, Organisation sowie nach Ritualen, die Orientierung und Gefühle der Sicherheit vermitteln. Um sich noch sicherer zu fühlen, zeigte Pummelchen klassisch vermehrtes Kontrollverhalten. Katzen wie Menschen verhilft ihr eigenes Kontrollgehabe zu einem Gefühl der Sicherheit, ob nun bewusst oder unbewusst. Einer Scheinsicherheit, wenn wir ehrlich sind. Zudem kann es sich im schlimmsten Fall zu einem Zwangsverhalten entwickeln.

Liebevolle Zuwendung und Pummelchens Nähe- und Distanzregeln zu berücksichtigen, war ebenso selbstverständlich, wie auf eine ausgewogene sowie möglichst natürliche Ernährung zu achten. Das war zugegebenermaßen bei Pummelchen nicht ganz einfach. Neben besagten Futterprägungen und emotionalen Verknüpfungen kann insbesondere die Wirkung diverser Geschmacksverstärker in Industrienahrung äußerst hartnäckig sein. Dementsprechend schwierig kann sich eine Nahrungsumstellung bei unseren Samtpfoten gestalten.

Die Qualität der »Seelenerinnerung« beeinflusst bei uns Menschen stärker als wir glauben, welche Gefühle in uns wachgerufen werden und folglich, wie uns eine Nahrung mundet. Manchmal sind es Speisen, die wir in entspannter liebevoller Atmosphäre im Elternhaus oder von unseren Großmüttern aufgetischt bekamen, die uns nach wie vor gute Gefühle schenken. Oft sind diese Erinnerungen mit Gerüchen abgespeichert. Der Geruchssinn gilt nicht umsonst als der älteste der menschlichen Sinne. Wie wir sehen, spielt also auch bei uns Menschen die geruchliche Wahrnehmung eine wesentliche Rolle in unserem Leben. Wie heißt es so schön: »Wir können jemanden riechen oder eben nicht.« Ein anderes Beispiel wäre die Verbindung mit einer süßen Versuchung. Manche Menschen verknüpfen zum Beispiel mit einem Stück Schokolade Gefühle der Geborgenheit aus der Kindheit. Dann bedarf nicht der physische Leib nach einem Schokoriegel oder nach einem Stück Kuchen, sondern vielmehr das Innere Kind in uns. Was steckt also hinter der süßen Versuchung? Die Sehnsucht nach Zuwendung, Liebe und Geborgenheit. Vielleicht auch nach Sicherheit und Schutz? Was steht dem im Wege? Eine gute Frage, werden Sie vielleicht denken. Sehr oft ist es Angst. Angst ist keinesfalls das Gegenstück zu Liebe. Vielmehr will sie verhindern, dass wir die ganz hohen Frequenzen in unseren Feldern spüren. Sie fungiert als eine Art Torhüter und hat in Wahrheit nichts mit der Realität zu tun. Auch hier könnte uns die liebe Mieze Anteile von uns spiegeln, die wir ansonsten fein säuberlich weggepackt haben.

Wie dem auch sei, unser Pummelchen blieb ein Gourmet auf vier Pfoten. Wenn man dieser Mieze beim Speisen zusah, spürte man, wie wichtig für sie diese Mahlzeiten waren. Obgleich Essen für sie ein wesentlicher, selbstberuhigender Mechanismus blieb, pendelte sich ihr Gewicht auf einem vertretbaren Maß ein. Die Nahrungsumstellung erforderte allerdings viel Geduld und Überzeugungskraft.

# 12. Der Weg zu einer glücklichen Katzen-WG

Ein Hausstand mit mehreren Miezen ist immer wohlüberlegt zu gestalten. Wenn eine Katze aufgenommen werden soll, dann am besten gleich zwei zueinander passende.

Insbesondere bei reiner Wohnungshaltung und ganztägiger Berufstätigkeit machen zwei Katzen Sinn. Obwohl Stubentiger gemäß ihrem Einzeljägernaturell unter natürlichen Bedingungen sehr gut allein durchs Leben kommen, können sie sich unter restriktiven Lebensbedingungen rasch einsam, gelangweilt, frustriert und infolgedessen depressiv fühlen. Es ist traurig, wenn der einzige Höhepunkt eines Katzenlebens jener Augenblick am Abend ist, wenn der Mensch nach Hause kommt. Wenn sich dieser dann ausgiebig mit seiner Mieze beschäftigt, sie zudem bei sich im Bett nächtigen lässt und auf eine katzengerechte Umfeldgestaltung achtet, sieht die Lage schon ganz anders aus.

Bei der Gründung einer Miezengesellschaft unter unserer Obhut sind unter anderem das Alter, das Geschlecht und die »soziale Kompatibilität« der Stubentiger zu berücksichtigen, um die Wahrscheinlichkeit für ein entspanntes, harmonisches Miteinander zu erhöhen.

Demzufolge haben gleichgeschlechtliche Paare einer Altersklasse gute Chancen auf ein friedliches gemeinsames Leben. Ob die Wahl nun auf zwei Kätzinnen oder zwei Kater (beide kastriert) fällt, ist unerheblich. Sehr gut stehen die Karten für ein harmonisches Zusammenleben, wenn die Wahl auf ein gleichgeschlechtliches Geschwisterpärchen fällt. Eine hundertprozentige Garantie auf eine lebenslange Katzenliebe gibt es allerdings nicht. Daher sollten wir auf das Wesen und den Charakter der Stubentiger bei der Wahl achten. Manchmal lassen wir uns von den Äußerlichkeiten verführen. Für ein glückliches Miteinander sind allerdings die individuellen Persönlichkeiten ausschlaggebend. Vielleicht können wir sogar die Rangkonstellation des Geschwisterpaares erkennen. Immerhin lässt sich bereits vor dem ersten Augenaufschlag, bei dem Gerangel um die ergiebigste Zitze, eine Rangordnung erkennen. Des Weiteren kann ein ruhiger Kater mit einer aktiven Kätzin ebenso gut harmonieren wie ein eher unsicherer Kater mit einer souveränen und in sich ruhenden Katzendame. Zumeist gehen allerdings die Kater den Kätzinnen ab der Pubertät auf die Nerven. Ein Grund ist das unterschiedliche Spielverhalten.

Es ist ein seltsames Phänomen, aber auch innerhalb einer Katzengruppe sind drei meist einer zu viel. Einzige Ausnahme: wenn ich zu einem älteren Tier ein junges Kätzchen nehmen möchte. In diesem Fall sind zwei Jungtiere, wie etwa ein gleichgeschlechtliches Geschwisterpaar, meist die bessere Lösung. Der Grund ist simpel: Die Altkatze ist von einem verspielten und übermütigen Jungspund oft schlicht genervt bis überfordert und das Kätzchen ist umgekehrt häufig von der etwas gesetzteren Altkatze gelangweilt. Es fehlt dem Kätzchen schlicht der Spielkamerad sowie der adäquate Sozialpartner. Es kann sich neben einer Altkatze, die sich vielleicht zurückzieht, sehr einsam fühlen. Somit hat die kleine Mieze in dieser Konstellation schlechtere Karten, um ihr Sozialverhalten angemessen weiterzuentwickeln und auszufeilen. Ist die alteingesessene Katze, der Kater, umgekehrt sehr grob, kann dies für das Jungtier zumindest anfänglich eine Stresssituation bedeuten. Zudem wird es eher grobe Verhaltensweisen erlernen. Allerdings gibt es durchaus auch jene älteren Samtpfoten, die sich eines Jungtieres annehmen und erzieherisch positiv einwirken. Dennoch ist diese Konstellation ganz allgemein betrachtet nicht unbedingt die beste Wahl. Selbstverständlich können wir auch in dieser Situation bewusst einwirken und viel Positives bewirken. Allerdings lernt ein junges Tier nirgends so rasch, effektiv und umfangreich, wie im Kreise seiner Artgenossen und Familie.

Ziehen hingegen zwei Jungtiere bei einer Altkatze ein, können sich diese einander widmen. Sie haben die Möglichkeit, miteinander ausgelassen zu spielen und zu toben sowie aneinander gekuschelt wohlige Nähe zu genießen. Mit einem Quäntchen Glück lassen sie die Altkatze überwiegend unbeachtet und in Ruhe. In manchen Fällen kann der Schuss allerdings auch nach hinten losgehen und die beiden Jungspunde schließen sich zusammen. Mit viel überschüssiger Energie ausgerüstet kann es passieren, dass sie den alteingesessenen Stubentiger mobben. Eine hundertprozentige Garantie gibt es daher leider nicht, aber zahlreiche Werkzeuge, um ein harmonisches Miteinander zu fördern.

Unter anderem ist es wichtig, die Altkatze zu bevorzugen, ihre Rituale beizubehalten, sich ausgiebig mit ihr zu beschäftigen und ihr sichere Rückzugsmöglichkeiten zu bieten. Um Besorgnis zu reduzieren, sollten die Ressourcen gut gestreut angeboten werden. Das interaktive Spiel schenkt gute Gefühle und hilft beim Spannungs- und Stressabbau. Die Jungtiere wiederum benötigen ebenfalls ausreichend Beschäftigungsmöglichkeiten, um ihre Energien zu kanalisieren. Nehmen wir einen halbstarken Kater zu einem betagten Vierbeiner, kann sich nach der Eingewöhnungsphase folgendes Szenario ergeben. Da das ältere Tier seine Ruhe haben möchte, scheint der Jungspund oft nicht zu wissen, was er mit seiner dynamisch kraftvollen Energie tun soll. Oftmals sieht es so aus, als handle es sich um ein Spiel zwischen den beiden. Zu einem Spiel gehören allerdings immer zwei. Wenn einer nicht will, ist es kein Spiel. Daher sollten wir ein waches, aufmerksames Auge auf dieses Gespann haben, um Stress für den bereits gesetzteren und unter Umständen bedürftigeren Stubentiger tunlichst zu verhindern. Ständige Attacken führen rasch zu belastendem Dauerstress, insbesondere wenn keine sicheren Rückzugs- und Versteckmöglichkeiten vorhanden sind. Auch in diesem Fall sind gezielte Beschäftigung und Umfeldgestaltung essentiell. Der Mensch als wichtige Bezugsperson kann regulierend und strukturierend Einfluss auf die Katzengemeinschaft nehmen. Unter unserer sorgsamen Pflege, behalten souveräne Altkatzen überwiegend ihre »Positionen«. Dennoch kann die Natur oft grausam sein und ein altes schwaches Tier wird leicht vom Thron gestürzt. Zugleich faszinieren mich unsere Samtpfoten immer wieder in ihren kätzischen »Vereinbarungen« und »Absprachen«, wie ich es gerne nenne.

Ist eine Partnerkatze verstorben, befindet sich der Stubentiger in einer Trauerphase von etwa drei bis sechs Wochen. Manche Samtpfoten leben richtiggehend auf nach dem Tod des Artgenossen, andere trauern und manche werden auffallend depressiv. Auf keinen Fall sollten wir sofort eine neue Mieze einziehen lassen.


## Katzen erfolgreich aneinander gewöhnen

Für eine erfolgreiche Zusammenführung zweier erwachsener Stubentiger sind meistens Zeit und Geduld erforderlich. Mit jeder neuen Katze verändern sich zudem alle Beziehungen unter den bereits vorhandenen Samtpfoten. Auch deshalb ist jeder Neuzugang wohl zu überlegen und es ist immer im Sinne der Katze zu entscheiden. Kommt nun eine neue Mieze in die Gruppe, so weiß weder der alteingesessene Stubentiger noch der Neuzugang, ob und wann sie zur rechten Zeit am rechten Ort sind. Kein Wunder, dass sie sich gestresst fühlen, eventuell unwirsch reagieren oder sich verunsichert sowie verängstigt zurückziehen wollen. Den Heimvorteil hat natürlich der bereits vor Ort lebende Vierbeiner. Es ist sein angestammtes Territorium. Die Toleranzen, das Revier zu teilen, sind ähnlich unterschiedlich ausgeprägt, wie die Bedürfnisse nach Nähe und Distanz.

Wir Menschen können unseren Samtpfoten mittels diverser Maßnahmen unterstützend zur Seite stehen, wobei es einmal mehr den einen Wunder vollbringenden Tipp nicht gibt. Prozesse finden statt, benötigen Zeit und Geduld, die Maßnahmen sind jedoch immer individuell anzupassen. Ob bei Zusammenführungen oder in Schieflage geratenen Katzenfreundschaften, wir stehen unseren Miezen immer auf mehreren Ebenen helfend zur Seite. Anfänglich sind die Miezen räumlich voneinander zu trennen. Unter anderem sind auch in dieser Situation der Gruppengeruch, erhöhte Aussichtsflächen (dritte Dimension), ausreichend sichere wie ungestörte Katzentoiletten (n+1), Pufferzonen (Katzentunnel, Schachteln), gut gestreute Ressourcen wie sichere Ruhe- und Rückzugsmöglichkeiten neben den regelmäßigen interaktiven Jagdspieleinheiten ebenso wichtig, wie im Miteinander langsam über beispielsweise Futter und Spiel positive Assoziationen herzustellen. Zusätzlich kann mit künstlichen Pheromonen eine Wohlfühlatmosphäre geschaffen und mithilfe von Bachblüten die Miezen feinstofflich harmonisiert werden. Fingerspitzengefühl dürfen wir in jedem Fall beweisen.

Bei allen Bemühungen ist zu berücksichtigen, dass nicht jeder schnurrende Vierbeiner sein Leben mit einem Artgenossen teilen will. Insbesondere manch alte Katze verbringt ihren Lebensabend lieber in trauter Zweisamkeit mit ihrem Menschen, anstatt sich mit einem neuen Artgenossen herumschlagen zu müssen. Dies ist zu respektieren, denn die Sozialstruktur unserer Miezen ist jene des Einzelwesens Katze und nicht die eines auf allen Ebenen sozial lebenden Tieres. Katzen sind keine Rudeltiere.

Je älter die Samtpfote und oder je länger sie bereits allein gelebt hat, desto schwieriger schließt sie neue Freundschaften zu Artgenossen. Gerade bei Zusammenführungen älterer Tiere ist oftmals zu akzeptieren, dass Stubentiger im besten Fall eine Art lose Bekanntschaft bevorzugen und keine dicken Freunde werden wollen. In diesem Entwicklungsverlauf ist einmal mehr der Mensch gefordert. Wir haben nicht einfach nur Katzen, wir leben mit unseren Samtpfoten und sind ein Part in einem gemeinsamen Sozialgefüge.

Bei reiner Wohnungshaltung empfiehlt es sich bei zwei Katzen zu bleiben. Manchmal übertragen wir unseren menschlichen Drang nach sozialer Geselligkeit auf unsere Samtpfoten. In bester Absicht werden mehr Katzen aufgenommen, als es allen Beteiligten guttut. Dies kann sehr rasch zu Missklängen und Problemen in einer Katzengruppe führen.

Die Beziehungen unter Katzen sowie jene von Katzen zu ihren Menschen verlaufen anders als etwa soziale Beziehungen von Hunden. Zudem sollten wir im Hinterkopf behalten, dass Katzen nie ganz domestiziert worden sind. Ein Teil von ihnen bleibt immer wild. Sofern sie die Chance haben, verbringen Frau und Herr Katze viel Zeit in ihren Revieren und Streifgebieten. Unsere Samtpfoten können durchaus bis zu zehn Stunden am Tag unterwegs sein. Bei reiner Wohnungshaltung kann es daher für unsere Stubentiger schnell zu eng werden. Auch deshalb ist ein gutes Einvernehmen unter den Katzen essentiell. Wie ich immer wieder gerne betone, ist es für Schnurrmonster absolut normal und überlebensnotwendig, sich dort und da aggressiv zu verhalten. Daher sollte man nicht gleich nervös werden, wenn in der Katzengruppe ab und an Drohverhalten, ein Pfotenhieb oder etwa ein Faucher unter befreundeten Stubentigern zu beobachten sind. Alles, was sich im Rahmen bewegt, zählt zu der normalen Kommunikation zwischen den lieben Miezen. Dennoch ist immer unsere feine Beobachtung gefragt, damit sich kein schwelender Konflikt einschleicht. Dieser ist ebenso ungesund wie eine bereits offenkundig gewordene Mobbingsituation. Je früher wir eine Schieflage erkennen, desto rascher sowie effizienter können wir entgegenwirken. Es ist daher durchaus sinnvoll und macht zugleich Freude, seine eigene Feinwahrnehmung für das subtile Ausdrucksverhalten seiner Miezen zu schulen. Auf diese Art können wir bereits im Vorfeld ordnend einwirken und unter anderem unangebrachtes Verhalten sanft umlenken sowie insgesamt die Beziehung zwischen den Miezen verbessern.

Mit dem Schaffen positiver Assoziationen im Miteinander über angenehme gemeinsame Erfahrungen (etwa Fressen, Spiel, gemeinsame Kuscheleinheiten am Sofa) liegen wir wie immer richtig. Mithilfe eines einfachen Tischtennisballs oder der allseits beliebten Spielangel, lassen sich viele Stubentiger sanft auf andere Gedanken bringen, als etwa ihren Artgenossen unverhohlen anzustarren. Insgesamt ist auf eine katzengerechte Umfeldgestaltung wie beispielsweise Ressourcen gut gestreut anzubieten, Rücksicht zu nehmen. Katzen lieben es nicht nur, erhöht zu sitzen, die Aussichtsplattform zählt zu dem Revier unserer Samtpfoten. Indem wir die dritte Dimension des Raumes anbieten, vergrößert sich automatisch das Revier und das allein fördert bereits ein friedlicheres Zusammenleben. Es sollten daher immer erhöhte Aussichtsmöglichkeiten bis hin zu Catwalks in einer Wohnung vorhanden sein. Erhöht Platz zu nehmen, gibt Miezen ein Gefühl der Sicherheit und der sozialen Überlegenheit. Es liegt im Wesen von Frau und Herrn Katze, ihr Revier von erhöhten Positionen aus überschauen zu wollen und macht ihnen schlicht Freude. Da es in der Natur der Katze liegt, Streifgebiete zeitversetzt zu nutzen, kann man sich dieses grundlegende Verhalten zumindest teilweise in der Wohnung zunutze machen.

## Friede in der Miezengesellschaft

Bei eher unverträglichen, missgestimmten Gemeinschaften ist der Mensch gefordert, ordnend sowie strukturierend einzuwirken. Hierbei ist wichtig, dass die Bedürfnisse aller Katzen gleichermaßen gestillt werden, unter anderem, indem ein überreiches sowie gut gestreutes Ressourcenangebot für alle Stubentiger geschaffen wird. Mithilfe einer katzengerechten Umfeldgestaltung inklusive regelmäßiger Beschäftigung sowie einer bewussten Zusammenstellung der Katzengruppe erhalten wir die Chance, zumindest einige mögliche Ungereimtheiten sowie Knackpunkte des Zusammenlebens bereits im Vorfeld zu verhindern. Zudem dürfen wir wohlgemutes die Verantwortung für die Kontrolle über Zeiten und Zonen in unserer Miezengesellschaft übernehmen.

Insbesondere bei reiner Wohnungshaltung nehmen wir eine wesentliche Rolle zur Stabilisierung einer Katzengruppe ein. Schon allein unsere Präsenz kann regulierend wirken und fördert selbstredend das Wohlgefühl der Stubentiger. Allerdings hängt hier viel von der Art unserer Präsenz ab. Fühlen wir uns entspannt und glücklich oder eher gestresst und angespannt?

Die Bedürfnisse nach Nähe und Distanz sind glücklicherweise bei unseren Samtpfoten unterschiedlich ausgeprägt. Daher ist es günstig, einen eher kuscheligen und einen eher distanzierteren Stubentiger bei sich aufzunehmen. Natürlich teilen wir unsere Aufmerksamkeit und Zuwendung dennoch gleichmäßig auf. Meiner Ansicht nach zählt im Endeffekt die Qualität der gemeinsam verbrachten Zeit in Form eines bewussten Zusammenseins mit netten Spieleinlagen sowie Plauder- und Kuscheleinheiten. Die Nacht bei ihren Menschen im Schlafzimmer und in deren Bett zu verbringen, gibt unseren Miezen in den überwiegenden Fällen ein Gefühl von Sicherheit, Geborgenheit und Stabilität. Manch unsichere Samtpfote erfährt dadurch eine regelrechte Stärkung. Das Bett ihrer Menschen scheint eine Art geschütztes Gebiet zu sein und so wird dieses häufig auch von weniger gut befreundeten Katzen geteilt. Auch hier gilt: Wer zuerst kommt, mahlt zuerst.

Unsere Katzen sind diplomatische Geschöpfe. Dementsprechend kann eine zur Abendzeit am Ort Bett ranghöhere

Mieze ihren angestammten Lieblingsplatz im Bett, ihrem Mitbewohner überlassen, wenn dieser zuerst vor Ort war und folglich den Vorrang hat. Manchmal setzt sie sich allerdings demonstrativ daneben und wartet geduldig, bis sich ihr Artgenosse durch ihre Präsenz mehr als unwohl fühlt und verschwindet.

Bei Missklängen und insbesondere bei Mobbingsituationen ist es wichtig, die schwächere Samtpfote zu stärken und sogar zu bevorzugen, ohne bei eventuellen Konflikten, den überlegenen Artgenossen lautstark zu maßregeln. Die unsichere Katze wird ein lautes Wort immer auf sich beziehen und sich noch verunsicherter bis verängstigt fühlen. Außerdem kann die Bindung zum Menschen dadurch empfindlich gestört oder zumindest belastet werden. Zudem ist Konflikt nicht gleich Konflikt. Wir dürfen genauer hinsehen, worum es in dieser Auseinandersetzung geht. Nicht in jeden Konflikt zwischen unseren Samtpfoten ist zwingend einzugreifen. Es ist darauf zu achten:

- wer den Startschuss gab und
- wie wir mit der Konfliktsituation umgehen.

Wir dürfen nicht vergessen, dass sich unsere menschlichen Emotionen sowie unsere innere Hochspannung sofort auf den Konfliktherd und besonders auf das unterlegene schwächere Tier übertragen. Infolge kann sich unsere Samtpfote ein Stück weit besorgter, gestresster und oder verängstigter fühlen als zuvor.

Die größten Erfolge sind zu erzielen, wenn wir bereits im Vorfeld, vor einer Eskalation, das Verhalten, wie etwa provokantes Anstarren, beispielsweise mithilfe eines interessanten Spiels oder durch unser ruhiges Ansprechen umzulenken verstehen. Wie bereits erwähnt, fördert das Herstellen positiver Assoziationen im Miteinander, wie etwa gemeinsames Verspeisen besonderer Leckerbissen, eine friedliche Atmosphäre. Wir dürfen nicht vergessen, dass Katzen wahre

Meister der indirekten sowie passiv-aggressiven Kommunikation sind. Auch wenn es manchmal nur darum geht, den aktuellen Stand der Dinge in einer Katzenkonstellation und oder Miezengemeinschaft gewissenhaft auszuloten. Um tunlichst nichts zu übersehen, dürfen auch unsere Sinne sukzessive verfeinert werden. Wenn wir einen offen ausgetragenen Kampf erleben, wurde in den überwiegenden Fällen im Vorfeld bereits viel gesagt. Eine Ausnahme ist etwa die durch ein Missverständnis hervorgerufene umgerichtet-aggressive Attacke (bedeutet, wenn der Vierbeiner nicht den vermeintlichen Gegner attackieren kann und seine angestaute Aggression am nächstbesten Artgenossen abreagiert). Wann man wie eingreift, ist Fingerspitzenarbeit. Unsere Samtpfoten verlassen sich auf uns, vertrauen uns und wir dürfen dies umgekehrt ebenso. Umso wichtiger ist es, das körpersprachliche Ausdrucksverhalten und insgesamt die Kommunikationen unserer Katzen verstehen zu lernen. Wann wir zwei Katzen einen Konflikt austragen lassen und wann wir umlenken oder gar eingreifen müssen, ist einerseits situationsabhängig (worum geht es bei dem Konflikt, was ist die Ursache, was der Auslöser und wie sehen die Rahmenbedingungen aus) und andererseits hängt es von dem Wesen der Miezen selbst ab. Es gibt individuelle Unterschiede und daher ist immer von Fall zu Fall zu entscheiden. Eines steht fest: Mobbingsituationen machen auf Dauer krank und sind daher immer zu lösen.

Eine Konstellation unter Katzen, bei der sich rasch Koproduktion und Mobbingsituationen in einer Miezengesellschaft ergeben können, sieht wie folgt aus: drei Katzen, zwei Damen und ein junger Kater. Dieses Beispiel macht deutlich, wie direkt sich das Ausdrucksverhalten einer Katze auf das Verhalten ihres Gegenübers auswirkt. Indem die unsichere Katzendame verängstigt in geduckter Haltung umherschlich, war sie für den jungen Kater ein leichtes Opfer, um seine überschüssigen Energien loszuwerden. Derartige

Koproduktionen zwischen zwei Katzen finden wir relativ häufig. Zudem wird deutlich, wie wichtig die Beschäftigung insbesondere eines halbstarken Katers bei reiner Wohnungshaltung ist. Mobbingsituationen entstehen oftmals aus purer Langeweile.

Als ich zurate gezogen wurde, kauerte die zarte unsichere Katzendame die überwiegende Zeit des Tages auf der Vorzimmerkommode und traute sich nicht mehr, auch nur eine ihrer Pfoten in das Wohnzimmer zu setzen. Den Tierhaltern war klar, dass sie leidet und etwas geschehen muss. Sie gierte regelrecht nach der Zuwendung ihrer Menschen und genau diese Bindung nutzten wir für die Verhaltenstherapie.

Einerseits war wesentlich, die dem Alter sowie dem Geschlecht entsprechenden überschießenden Energien des jungen gesunden Katers durch gezielte Jagdspiele zu kanalisieren. Andererseits musste die zarte Kätzin gestärkt werden. Zusätzlich wurden vermehrt Kratzmöglichkeiten sowie abwechselnd verschiedene Snackspielzeuge, diverse Solitärspiele und andere Beschäftigungsmöglichkeiten angeboten. Das Durchspielen der Jagdabläufe wurde natürlich immer unter vier Augen durchgeführt. Auch in diesem Fall kätzischer Disharmonie war der Mensch gefordert einzuwirken, um vermehrt Balance in das in Schieflage geratene System zu bringen. Das Stärken der Kätzin erfolgte bereits durch ruhiges Ansprechen. In weiterer Folge mussten dringend sichere Rückzugs- und Ruheorte sowie insgesamt ein üppiges Ressourcenangebot zur Verfügung gestellt werden. Manchmal genügt es, ein Fach des Schlafzimmerschrankes für die liebe Mieze frei zu machen, um ihrem Wunsch, sich unsichtbar machen zu können, nachzukommen. In Wahrheit benötigt jede Katze ihren ganz persönlichen Ruheort sowie ihren eigenen Kratzbaum.

Auch in diesem Fall war darauf zu achten, dass alle drei Katzen entspannt und ungestört ihre Nahrung zu sich nehmen können. Da die Nahrungsaufnahme überlebensnotwendig ist, finden sich bekanntlich selbst verfeindete Stubentiger am Fressplatz kurzfristig zusammen. Es ist ein Trugschluss zu glauben, dass die lieben Samtpfoten ein gutes Einvernehmen pflegen, nur weil sie nebeneinander speisen. Der Stress kann für einzelne Tiere enorm sein. Daher wurden auch in diesem Fall mehrere Futterstellen angeboten, damit jede Samtpfote die Möglichkeit erhielt, ungestört ihre Mahlzeit zu sich zu nehmen. Im Hintergrund liegt das natürliche Verhalten unserer Schnurrmonster, ihre erlegte Beute allein zu jagen und infolge zu verspeisen. Abends fand zudem eine gemeinsame Fütterung statt, um positive Assoziationen im Miteinander herzustellen. Hierbei war auf den rechten Abstand zwischen den Futternäpfen zu achten. Kauen beruhigt und gibt bekanntlich immer ein gutes Gefühl und dieses wird infolge automatisch mit dem kätzischen Gegenüber verknüpft. Allerdings sollten wir dies nie übertreiben oder gar ausreizen. Wir gehen immer in kleinen Schritten vor, um zusätzlichen Stress zu vermeiden. Nicht zu vergessen die Dringlichkeit sicherer und ungestörter Ausscheidungsorte. Auch für diese Kätzin war es für ihr Wohlgefühl essentiell und deutlich Stress mindernd, ungestört das Katzenklo aufsuchen zu können, ohne von ihrem Artgenossen belauert und abgepasst zu werden.

Auch mit der Katzendame wurde regelmäßig das interaktive Spiel gepflegt. In diesem Fall, um sie zu stärken und um ihr gute Gefühle sowie Erfolgserlebnisse zu schenken. Wohltuende Emotionen wie etwa Glück und Freude sollen auch im Leben unserer Stubentiger keinesfalls zu kurz kommen. Spiel und Spaß tun bekanntlich Körper, Geist und Seele gut. Normalerweise verbrachten die lieben Miezen die Nächte nie im Schlafzimmer. In diesem Fall machten die Katzenhalter für die verschüchterte, unsichere sowie bereits sehr gestresste Katzendame eine Ausnahme. Ausschließlich ihr waren ab nun gemeinsame Nächte gegönnt. Bereits nach wenigen Nächten veränderte sich ihre Körperhaltung und sie spazierte plötzlich mit aufrechter Silhouette durch das Wohnzimmer. Es war wunderbar zu beobachten, wie sich ihr Ausdrucksverhalten aus der geduckten umherschleichenden Haltung zu einer selbstbewusst aufrecht schreitenden Pose verändert hatte. Plötzlich schien sich der junge Kater nicht mehr so sicher zu sein, ob es klug ist, sie zu jagen und zu attackieren.

Dieses Beispiel macht deutlich, wie viel Einfluss wir Menschen haben und wie wunderbar wir mit unseren Samtpfoten zusammenarbeiten können. Ohne das bewusste aktive Zutun der Tierhalter wäre diese Wendung nicht möglich gewesen. Der Mensch als Bezugs- und Vertrauensperson bewirkte in Zusammenarbeit mit seinem Stubentiger die Wandlung zum Besseren.

Dass sich unsere Vierbeiner auf Anhieb verstehen und sich vielleicht sogar gleich anfreunden, passiert eher selten. Ich kenne zwar Fälle, bei denen die Menschen intuitiv die passende Partnerkatze wählten, allerdings muss nicht immer die dicke Freundschaft erwachsen, eine freundlich gestimmte Wohngemeinschaft ist bereits wunderbar. Als Mindestmaß sollte ein angenehmes sowie stressfreies, gemeinsames Leben unter einem Dach gewährleistet sein.

Unsere Samtpfoten sind unterschiedlich großzügig, inwieweit sie bereit sind, ihre Reviere mit Artgenossen zu teilen. Sie selbst entscheiden, mit wem sie in Zukunft leben wollen. Aus diesem guten Grund ist meines Erachtens nach das langsame, schrittweise Vorgehen bei einer Zusammenführung von Samtpfoten zu bevorzugen. Genaugenommen setzen wir unserem Stubentiger einen Wildfremden (solange er noch nicht den Gruppengeruch trägt) in sein angestammtes Territorium. Es gebietet die Höflichkeit, anzuklopfen und zu fragen. Daher empfinde ich eine langsame Zusammenführung auch als eine Sache von Respekt unserer Mieze und ihren natürlichen Bedürfnissen als Einzelwesen Katze gegenüber.

Die Zusammenführung unserer Stubentiger bedeutet auch immer ein wenig Arbeit an uns selbst. Sofern eine innige Bindung zwischen den lieben Miezen und uns besteht, können sie unsere Stimmungslagen übernehmen.

*Meine Praxistipps für zu Hause*

Die katzengerechte Umfeldgestaltung wie zum Beispiel erhöhte Aussichtsflächen, Ruhe- und Rückzugsorte ist eine wesentliche Voraussetzung.

- Bringen Sie den Neuzugang vorerst in einem separaten sowie eventuell mit einem Pheromonzerstäuber (enthält künstliche Gesichtspheromone, die leicht beruhigend wirken und eine Art Wohlfühlatmosphäre schaffen) ausgestatteten Zimmer unter. Unsere Stubentiger müssen sich mit dem Geruch des jeweilig anderen vertraut machen. Mit einem Baumwolltuch wischen Sie der hauseigenen Mieze einige Male über ihr Gesicht (Stirn, Backen, Mundwinkel usw.), wo sich die Gesichtspheromone befinden. Dieses Tuch legen Sie gepaart mit kleinen Leckereien, um positive Assoziationen mit dem fremden Katzengeruch herzustellen, in das Zimmer des neuen Artgenossen. Umgekehrt gehen Sie genauso vor.

- Stellen Sie den Gruppengeruch her. Hierzu nehmen Sie eine weiche Babybürste oder ein Baumwolltuch und streichen damit einer Katze nach der anderen wieder über ihr Gesicht.

- Nach dem Geruchstausch darf der Neuzugang allein sein neues Umfeld (ein Zimmer nach dem anderen) erkunden. Dies ist zur Orientierung hilfreich, um bereits bei den ersten Begegnungen mit seinen zukünftigen Mitbewohnern (einem nach dem anderen) diverse Fluchtwege und Versteckmöglichkeiten zu kennen.

- Bei den ersten direkten Begegnungen machen Sie sich die folgenden kätzischen Regeln zunutze: Wer zuerst vor Ort ist, hat Vorrang und wer erhöht sitzt, ist zu dieser Zeit sowie an diesem Ort in der sozial überlegenen Position. In diesem Sinn bringen Sie bei Zusammenführungen den Neuankömmling zuerst in einen einigermaßen neutralen Raum und setzen ihn erhöht, beispielsweise auf den Tisch. Auf diese Weise nimmt man dem Territoriumsinhaber den Startvorteil und hilft dem Neuankömmling. Bei mehreren Katzen ist die Erstbegegnung immer nur mit einer Mieze nach der anderen durchzuführen.

- Eine weitere gute Möglichkeit ist, eine Gittertüre zu montieren, damit sich die Katzen in aller Ruhe und nach ihren Distanzregeln kennenlernen können.

- Bei schwierigeren Fällen ist die Arbeit mit einem Katzengeschirr und einer sehr leichten Leine empfehlenswert.

- Eine anfängliche Distanzierungsphase ist normal und hat den Sinn, dass die Stubentiger einander und die neue Situation vorsichtig und indirekt ausloten.

- Für die Anfangszeit empfehle ich ausreichend Pufferzonen mithilfe diverser »Splittgegenstände« (z.B. der beliebte Katzentunnel, Kartons mit seitlicher Öffnung etc.) gut verteilt zu positionieren. Diese unterstützen unsere Miezen, einer ernsteren Auseinandersetzung leichter aus dem Wege gehen zu können.

- Stellen Sie positive Assoziationen im Miteinander der Katzen her. Arbeiten Sie gleichzeitig auf der emotionalen wie auf der kognitiven Ebene mit Ihren Stubentigern. Erzeugen Sie positive Gefühle bei Ihren Vierbeinern, damit sie diese mit ihrem Artgenossen verknüpfen können. Gemeinsames Spielen sowie gemeinsames Speisen mit besonderen Leckerbissen, mit einem anfänglichen Abstand von drei bis sieben Meter, helfen dabei.

- Lenken Sie rechtzeitig unerwünschtes Verhalten wie Anstarren im Ansatz beispielsweise mit einer Spielangel um. Der Zeitpunkt ist relevant, damit das Spiel nicht als Belohnung wahrgenommen wird.
- Zeigen Sie einem sehr dominanten Stubentiger klare Rangverhältnisse auf.
- Ein Trick für ein reibungsloses Kennenlernen (auch nach dem Bruch einer Freundschaft) kann eine für beide neutrale Örtlichkeit darstellen.
- Wie rasch Sie vorgehen können, hängt von den Miezen selbst ab.

*Fallbeispiel Georgi, Leo und Felix*

Eine klassische Situation: Zwei Menschen verlieben sich und ziehen zusammen. Jeder von beiden hat mindestens eine Katze, die nun im gemeinsamen Haushalt miteinander klarkommen sollen. Wie so oft ist das kein leichtes Unterfangen. Gerne denke ich an den Einsatz dieser beherzten wie geduldigen Tierhalter zurück, die keine Mühe scheuten.

Mit einer soliden Grundsozialisation ausgestattet, hatte Felix seine letzten sieben Katzenjahre einzig mit seinem Menschen in trauter Zweisamkeit verbracht. Dementsprechend nahe standen sich die beiden. Georgi und Leo hingegen hatten in einer Art friedlichen Wohngemeinschaft gelebt. Beide genossen eine sehr innige Bindung an ihre Halterin. Leo kam aus dem Tierheim und Georgi wurde aus fragwürdiger Haltung gerettet. Beide waren gut mit anderen Katzen sozialisiert.

Rasch war klar, dass Felix und Leo nur schwer kompatibel waren. Selbst das Ziel einer einigermaßen friedlichen Wohngemeinschaft schien weit hergeholt. Zudem müssen wir immer die Grenzen der Belastbarkeit von Mensch und

Tier gleichermaßen respektieren. Das Ergebnis muss stets zum Wohl aller sein.

Leben Miezen über Jahre hinweg allein, wird der Wunsch nach sozialen Kontakten mit Artgenossen verschwindend gering. So war es auch bei Felix, einem großen kräftigen Einzelkater, der sehr rasch in große Besorgnis bis Angst um seine Ressourcen geriet. Futterstress und ebenso sein Bedürfnis, die Ressourcen zu sichern und zu bewahren, waren zu beobachten. Da unsere Samtpfoten in ihrem natürlichen Lebensumfeld ganz auf sich allein gestellt sind, werden Ressourcenbesorgnis und Futterstress als äußerst beunruhigende Situationen wahrgenommen.

Felix zeigte schnell angstaggressives Verhalten mit direkten Angriffen gegen Leo. Zudem fiel sein gesteigerter Appetit auf. Zu essen schien ihn zu beruhigen.

Eine eindeutige klare Kommunikation zwischen den Katern wurde durch Leos kleines Handicap im Wirbelsäulenbereich erschwert. Seine Körperhaltung wirkte immer leicht bedrohlich. Zusätzlich war dadurch seine Bewegungsfreiheit eingeschränkt. Für ein weniger gut geschultes Katzenauge also äußerst suspekt, dieser Leo. Was dem Kater nicht geheuer ist, wird besser gleich im Vorfeld vermöbelt. Leo war ein ruhiges Tier und wollte im Grunde nur in Frieden sein Dasein genießen und sich die Sonne auf den Bauch scheinen lassen. Um besorgte Katzenliebhaber zu beruhigen, Leo befand sich in tierärztlicher Behandlung sowie in alternativmedizinischer Betreuung. Rotlicht tat ihm ebenso gut wie kleine Massagen und Laserakkupunktur.

Der souveräne achtzehnjährige Georgi wurde von Felix und Leo gleichermaßen respektiert.

Als ich um Unterstützung gebeten wurde, wohnte Leo im Vorzimmer in seinem offenen Katzenkorb. Auch in diesem Fall wurde der Rückzugsort von den Artgenossen respektiert. Ansonsten attackierte Felix den lieben Leo bei jeder Gelegenheit, sodass er sich unter anderem nicht mehr auf sein Katzenklo traute. Er machte einen depressiven Eindruck und zog sich immer mehr in sich zurück. Seine Menschen kümmerten sich liebevoll um ihn, brachten ihm Futter und Wasser zu seinem Korb und trugen ihn auf sein Katzenklo. Leo meldete immer genau seine Bedürfnisse und seine Menschen reagierten. Sie waren ein eingespieltes Team.

Als ersten Schritt trennten wir die Kater räumlich voneinander, damit sie sich von der stressreichen Situation erholen konnten. Den armen Leo holten wir mithilfe unterschiedlicher Beschäftigungsmaßnahmen sowie sehr viel Zuwendung aus seiner Depression. In Ruhe konnte er nun ganz für sich das Wohnzimmer inspizieren und wieder mit seinem Menschen im Bett kuscheln. Langsam veränderte sich auch seine Silhouette hin zu einem aufrechteren und entspannteren Stubentiger. Leo und Georgi waren bereits Freunde und konnten daher weiterhin Zeit miteinander verbringen.

Felix wurde in jenem Bereich untergebracht, den er auch ansonsten tagsüber gerne für seinen persönlichen Rückzug nutzte. Das Zimmer blieb sein sicherer Rückzugs- und Ruheort. Abwechselnd durften die Kater die allgemeinen Räumlichkeiten wie Wohnzimmer, Küche und Balkon nutzen. Jeder sollte sich in diesen Bereichen wohl und sicher fühlen. Auch im Freien nutzen Katzen bestimmte Gebiete zeitversetzt. Da griechische Musik auf alle eine entspannende Wirkung zeigte, wurde dieser gelauscht. Durch die permanenten Attacken im Vorfeld assoziierte Leo mit dem Vorzimmer leider nur Negatives und mied daraufhin diese Räumlichkeit. Daher war es wichtig, den Vorraum mit neuen positiven Emotionen und Erfahrungen zu verknüpfen.

Der Gruppengeruch wurde täglich aufgefrischt. Über gemeinsame Nahrungsaufnahme (zuerst mit Sichtschutz, der jeweils für wenige Augenblicke entfernt wurde) sowie über gemeinsame Spiel- und Putzeinlagen stellten wir Schritt für Schritt einige positive Assoziationen im Miteinander her. Bei alledem war natürlich die Stimmungslage der Menschen ein zusätzlicher wesentlicher Faktor. In der Ruhe liegt bekanntlich die Kraft.

Bei den gemeinsamen Trainingseinheiten (anfänglich nur kurze Sequenzen) wurde Leo zuerst in den Gemeinschaftsraum und zugleich in erhöhte Sitzpositionen gebracht um ihm einen kleinen Vorteil zu verschaffen. Wer erhöht sitzt, ist bekanntlich in der sozial überlegenen Position und wer zuerst vor Ort ist, hat Vorrang. Der gute Felix war nur schwer zu überzeugen, respektierte allerdings diese kätzischen Richtlinien. Er war ständig in Kontrollposition und wollte jede erdenkliche Gelegenheit nutzen, um Leo zu attackieren und zu vertreiben. Dies blieb ihm von nun an verwehrt. Unterschiedliche Pufferzonen zum Splitten säumten den Wohnbereich.

Phasen gemeinsam verbrachter Zeiteinheiten sind immens wichtig, damit die lieben Miezen die Chance erhalten, möglichst viele positive Assoziationen im Miteinander zu sammeln. Auf diese Weise wird der Pool an angenehmen Erfahrungen mit dem Artgenossen größer und Verknüpfungen positiver Natur mit dem vorherigen Feind verdichten sich. Zudem werden die Toleranzen für die Nähe des Artgenossen erhöht. Eine nette, für beide akzeptable Bekanntschaft kann entstehen.

Zusätzlich wurde eine Gittertüre montiert, damit sich die beiden Kater im gesicherten Rahmen kennenlernen konnten. Auch dies geschah ausschließlich zu bestimmten Zeiten und unter Aufsicht! Außerdem ließen die Tierhalter einen eigens von einem Tischler angefertigten wunderschönen Katzencatwalk montieren. Immer wieder bewies sich der gute Georgi in seiner ruhigen, fast meditativen Art als Ansprechpartner beider Kater. Mit ihm gab es keinerlei Konfliktherde oder Verständigungsprobleme.

Auch in diesem Fall suchten wir zum Wohle aller Beteiligten nach den bestmöglichen Kompromissen der teilweise recht unterschiedlichen Bedürfnisse von Mensch und Samtpfote. Es wurde ein künstliches Streifgebiet geschaffen und jeder Kater bekam sein Primärheim (seinen Kernbereich) mit seinem sicheren Ruhe- und Rückzugsort, das sie im Grunde längst selbst erwählt hatten. In einer Wohnung finden wir bekanntlich nicht die gleichen Bedingungen vor wie in der Natur, mit den einander überlappenden Streifgebieten. Mit den gegenseitigen Benutzerrechten der Streifgebiete war es folglich nicht ganz so einfach. Zudem war die Konkurrenz um die wichtige Ressource Mensch nicht zu unterschätzen.

In weiterer Folge wurden die Kater nur mehr während der Abwesenheit der Tierhalter getrennt gehalten. Wenn ihre Menschen zu Hause waren, durften es sich alle gemeinsam unter anderem im Wohnzimmer gemütlich machen. Dies ging allerdings keineswegs von heute auf morgen. Verhalten ist immer ein sehr komplexes Geschehen. Leben ist Bewegung und so verhält es sich auch bei der Arbeit mit unseren lieben Stubentigern. Die bewusst gemeinsam verbrachte Zeit sowie die Katzen zu akzeptieren, wie sie sind, und auf die unterschiedlichen Bedürfnisse einzugehen, war auch in diesem Fall sehr wichtig.

# Unterschätzter Therapeut – Entspannungsfaktor Katze

Das Streicheln über seidig weiches Fell, die wärmende Nähe sowie das behagliche Schnurren unserer Stubentiger verhilft uns zu entspannen und schenkt Wohlgefühl.

Frau und Herr Katze helfen gegen Einsamkeit und Stress. Ist es nicht wunderbar, nach einem langen (Arbeits-)Tag voller Freude zu Hause von unserer Mieze gurrend begrüßt zu werden? Egal, ob wir uns verspäten oder schlechte Laune mitbringen, weil uns unser Chef mal wieder geplagt hat – unsere Miezen bringen uns ihre unerschütterliche Zuneigung entgegen und trösten uns rasch über aufkeimende Emotionen der Einsamkeit oder über einen schweren Tag hinweg.

Nicht nur Hunde, sondern auch Katzen fördern Sozialkontakte. Mit einem Haustier an unserer Seite haben wir immer und überall ein Gesprächsthema. Zwar müssen wir mit einer Samtpfote nicht an die frische Luft, aber die Nahrung muss dennoch besorgt werden und dann und wann ist auch ein Tierarztbesuch fällig. Mit dem Nachbarn kommen wir beispielsweise schneller ins Gespräch, da Haustiere und unsere Erlebnisse mit ihnen immer für Gesprächsstoff sorgen und daher ein guter Anknüpfungspunkt sind. Mit dem gemeinsamen Thema »Leben mit einem Haustier« können wir uns auf emotionaler Ebene rasch begegnen.

Aktivität wird meist durch das Zusammenleben mit einem Hund gefördert, mit dem man durch Wald und Flur wandert, allerdings kann ein Stubentiger ebenso einen Aktivitätsrausch auslösen. Insbesondere bei reiner Wohnungshaltung benötigt der Beutegreifer Katze gleichermaßen geistige wie körperliche Beschäftigung. Unsere Stubentiger motivieren uns auf ihre kätzisch verspielt Art, aktiv zu sein.

Zudem fordern Katzen unverhohlen und vehement Nahrung und Zuneigung von uns ein. Durch die regelmäßigen Fütterungen, Toilettenreinigungen, Spieleinheiten und Kuschelstunden mit den lieben Schnurrmonstern erhält der Tag einen geregelten Ablauf sowie Struktur.

Obgleich manche Stubentiger im Stande sind, den Kühlschrank zu öffnen, so sind sie gemeinhin doch von uns Menschen abhängig. Wir dürfen uns verantwortlich für dieses Lebewesen und sein Wohlergehen fühlen. Wir sind wichtig und werden gebraucht. Egal ob jung oder alt, mit der Verantwortung für das von uns abhängige Lebewesen haben wir eine Aufgabe. Das Leben macht wieder Sinn und die Tiere danken es reichlich.

Vielen Menschen fällt es leichter, ihren Gefühlen bei einer Samtpfote Ausdruck zu verleihen. Ein Stubentiger wertet nie. Er verurteilt nicht. Er nimmt den Menschen, wie er ist. Wir fühlen uns automatisch stärker, Unsicherheiten und Ängste können rascher überwunden werden. Katzen erspüren uns und unsere Befindlichkeiten. Wir fühlen uns mit diesem schnurrenden Wollknäuel auf dem Schoß weniger traurig oder depressiv. Unsere Stubentiger sind unendlich geduldige Zuhörer, so lange wir nicht laut werden. Das mögen Frau und Herr Katze bekanntlich gar nicht. Sie selbst kommunizieren sehr leise und dies wünschen sie sich ebenso von ihren Gesprächspartnern.

Mitunter lernen wir uns selbst in der Beziehung zu einer Samtpfote ein Stück weit besser kennen, sofern wir dies zulassen. Es bestehen Wechselwirkungen zwischen dem Verhalten des Stubentigers und uns.

Um einem Stubentiger adäquate Beschäftigungsmöglichkeiten sowie eine katzengerechte Umfeldgestaltung zu bieten, sind unserer Kreativität keine Grenzen gesetzt.

Katzenhalter werden bestätigen, dass Frau und Herr Katze spüren, wenn es uns physisch oder psychisch nicht gut geht und sie gebraucht werden. Sie legen sich schnurrend auf uns und senken somit sogar unseren Blutdruck. Ausschlaggebend dafür ist unsere tiefe wie innige Bindung zu unserem Stubentigern.

Eine amerikanische Studie hat bewiesen, dass sich jene Menschen mit einer Katze deutlich wohler und besser fühlen als jene ohne Stubentiger.

Unsere Beziehungsformen haben sich gewandelt und mehr denn je sind wir mit unseren individuellen Nähe- und Distanzbedürfnissen konfrontiert. Auch in diesem Bereich gibt es viele Parallelen zu unseren Stubentigern. In unseren heutigen Lebensformen können wir zwar mehr Rücksicht auf die Erfüllung unserer ureigensten Bedürfnisse nehmen, aber auch leichter unsere Angst vor Nähe verbergen.

Manch ein Stubentiger scheint für unser menschliches Dafürhalten eine gewisse Ambivalenz oder gar »Unberechenbarkeit« in sich zu tragen. So ist es allerdings keineswegs. Frau und Herr Katze wissen durchaus, was sie wollen, lieben jedoch die Spontaneität. Vielleicht spüren wir jene Spontaneität, die wir nur zu gerne leben würden, uns aber schlichtweg nicht trauen. Zudem decken sich die Entscheidungen unserer Miezen nicht immer mit unseren Vorstellungen.

Samtpfoten strahlen in ihrer Anmut Ästhetik aus, die wir als kulturliebende Spezies zu schätzen wissen. Auch aus diesem Grunde teilen wir gerne unser Heim mit ihr. Mit einer Samtpfote an unserer Seite wird das Leben niemals langweilig. Sie fügt sich nicht, sie hat ihren eigenen Willen und auch dies entspricht für mich einem Zeichen unserer Zeit. Immer mehr Menschen brechen aus den veralteten Systemen aus und wollen eigenständig leben und arbeiten. Sie wollen ihre eigenen Visionen leben und sich nicht länger bevormunden oder unterjochen lassen. Ist es ein Wunder, dass Burnout und seine Symptome schon fast »normal« wurde? Es ist eine Zeit des Erwachens und unsere vierbeinigen Gefährten unterstützen uns auf vielen Ebenen.

Katzen sowie all unsere anderen Haustiere schenken uns viel Liebe. Ich gehe noch einen Schritt weiter und meine, sie sind Liebe. Sie verzeihen uns Menschen (leider) alles. Indem Katzen uns bedingungslos annehmen, wie wir sind, wachsen in uns freudvolle und glückliche Gefühle. Diese stärken unser Immunsystem und tun Körper, Geist und Seele gut.

Nicht nur ältere Menschen, welche oftmals vereinsamen und depressiv werden, profitieren von einer lieben Mieze. Für einen vierbeinigen Gefährten müssen wir fit sein, da er von uns abhängig ist. Dies kann zu einer enormen Triebfeder für neuen Lebenswillen und Lebensmut werden.

Katzen sind unglaublich sensible Wesen, mit feinsinnigen Antennen für unser Sein, wie es mich immer wieder erstaunen lässt. Mitunter gewinne ich immer noch den leisen Eindruck, dass unsere schnurrenden Vierbeiner in ihrer Bindung an uns Menschen verkannt bis unterschätzt werden. Sie sind nicht die reinen Einzelgänger, wie ihnen lange Zeit nachgesagt wurde. Natürlich kommen sie auch allein durchs Leben und brauchen den Menschen nicht zwingend.

Wie oft wunderte ich mich, wenn uns wieder eine Katze zulief. Wer weiß, vielleicht brauchten wir diese wunderbaren schnurrenden Zeitgenossen weit mehr als sie uns. Diesen Verdacht hege ich bereits seit geraumer Zeit. Insbesondere auch deshalb, weil nie eine Katze abwanderte. Selbst bei heftigen Unstimmigkeiten, der aus heutiger Sicht wild zusammengewürfelten Katzengruppen. Wie ich bereits erwähnte, waren wir wie eine Art Auffanglager. Ganze Würfe von Katzen wurden uns im wahrsten Sinne des Wortes vor die Türe gesetzt. Ich gehe noch einen Schritt weiter und stelle die Überlegung an, ob sich Stubentiger ihre »Aufgabe«, uns Menschen in schwierigen Lebenssituationen Beistand zu leisten, nicht sogar aufteilen. Diese Beobachtungen und teils vielleicht Unterstellungen sind umso interessanter und spannender, da unsere Stubentiger ihre Eigenständigkeit sehr zu schätzen wissen.

Ebenso wie Hunde erspüren unsere Stubentiger die bevorstehende Heimkehr ihrer Menschen. Insbesondere, wenn diese länger fort waren. Viele Tierhalter werden diese Beobachtung bestätigen. Es ist eine Unterstellung, dass einen Stubentiger die Heimkehr seines Menschen weniger berührt als so manch kläffenden Vierbeiner. Vielleicht freuen sie sich nur stiller und verspüren nicht den zwingenden Drang, im Mittelpunkt stehen zu müssen. Zudem sind wie gesagt, Frau und Herr Katze ihrem Wesen nach recht eigenständige Geschöpfe. Auch unsere Miezen verhielten sich sehr unterschiedlich, ihrem individuellen Wesen, Charakter und ihrer »Aufgabe« entsprechend.

# 13. Samtpfote und Kinderseele

Aus ganzem Herzen wünsche ich jedem Kind die Möglichkeit, mit Katzen aufwachsen zu dürfen. Tiere allgemein, erfüllen meinem Ermessen nach Bedürfnisse und Wünsche, die für die Entwicklung unserer Kinder unerlässlich sind. Die Geburt eines Babys stellt oftmals eine große Herausforderung für alle Beteiligten dar. Ausnahmen bestätigen wie immer die Regel. Unsere Katzen wurden bei der Geburt meines jüngsten Bruders, es liegen elf Jahre zwischen uns, weder unsauber noch zeigten sie ein zwingendes Bedürfnis zu markieren. Allerdings war das Haus groß und sie waren allesamt Freigänger. Zudem waren für sie fremde Gerüche und ein mehr oder weniger reges Kommen und Gehen alltäglich. Wir waren vier Kinder und unsere Freunde besuchten uns regelmäßig. Sie waren also »Kummer« gewöhnt. Zudem boten neben einem großen Haus bei Bedarf auch Stall und Heuboden weitere sichere Rückzugsmöglichkeiten.

Da bei Kindern bis zu einem Alter von drei Jahren die Feinmotorik noch nicht ausgereift ist, kann es schon einmal passieren, dass sie das Fell der lieben Samtpfote etwas unsanft berühren. Katzen als diplomatische Geschöpfe neigen jedoch dazu, das Weite zu suchen oder sich in erhöhter Position in Sicherheit zu bringen. Bleibt unserer Samtpfote diese Möglichkeit verwehrt, könnte sie dem kleinen Menschen relativ unmissverständlich klarmachen, dass er zu weit gegangen ist. Stubentiger setzen eindeutige Grenzen. Auf diese Art lernen Kinder automatisch und ohne große Umschweife einen respektvollen Umgang mit anderen Lebewesen und dass Tiere nicht sekkiert oder misshandelt werden dürfen. Zur Beruhigung darf ich anmerken, dass meiner Erfahrung nach die meisten Miezen Kleinkindern viel Geduld wie Toleranz entgegenbringen. Katzen können für Kinder wahre Seelentröster sein. Zugleich sollten Eltern nicht verabsäumen, ihre Kinder den sanften Umgang mit Tieren zu lehren und vorzuleben.

Dies erinnert mich an unseren ersten Kater, den meine Eltern vor rund fünfzig Jahren in Wien auf der Straße gefunden hatten. Er hieß Clarence und war ein großer schwerer Tigerkater. Mein etwas jüngerer Bruder war seit jeher höchst kreativ und wollte immer genau wissen, was sich im Innersten verbirgt. So kam er auf die glorreiche Idee, mit einem Nagel in das Ohr von Clarence zu bohren. Meine katzenliebende Mutter verbot ihm dies natürlich und wie Kinder so sind, versuchte er sein Glück aufs Neue, als er sich unbeobachtet fühlte. Meine Mutter, der Kinderseele kundig, beobachtete meinen Bruder und als er wieder den Nagel in Clarence' Ohr bohren wollte, ermahnte sie ihn eindringlicher. Mein Bruder verstand dann wohl und ließ von da an den Kater in Ruhe.

Unsere Kinder benötigen wie Frau und Herr Katze stabile Strukturen, um sich sicher und geborgen fühlen zu können. Wir geben den Kindern, menschlichen wie tierischen, ihre Wurzeln und helfen ihnen dabei, ihre Flügel auszubreiten und fliegen zu lernen. Die Katze in ihrer Unabhängigkeit und Selbstständigkeit ist das beste Beispiel für Selbstbestimmtheit. Ebenso wünschen wir uns für unsere Kinder ein selbstbestimmtes Leben. Katzen sind wie wir soziale Geschöpfe, weswegen sie als Vorbilder gesehen werden dürfen. Sie neigen dazu, heftige Konflikte und ernste Kämpfe zu vermeiden. Dies hat nichts mit Feigheit zu tun, sondern dient schlicht der Erhaltung der Art. Wer kämpft, vergeudet Kraft und Energie. Katzen fordern unsere Kinder dazu heraus, genauer hinzuschauen. Das Spiel mit einer Katze erfordert mehr Feingefühl als jenes mit Hunden. Für ein Training wie etwa Clickertraining benötigen wir Ausdauer und Geduld auf beiden Seiten. Kinder erhalten hier die Chance, sich in ihrer Konzentration zu üben.

Durch das Leben mit einer Samtpfote lassen sich Mitgefühl, Empathie sowie Achtsamkeit auf natürliche selbstverständliche Weise spielerisch entwickeln, verfeinern und schulen. Zudem lernen Kinder automatisch, tierische Bedürfnisse zu respektieren. Ich gehe noch einen Schritt weiter und meine, dass sie sogar lernen können, Anderssein wertfrei anzunehmen.

Katzen sind für mich besondere Lehrmeister bis hin zu wahren Therapeuten. Ohne Umschweife zeigen sie sehr klar, was ihnen behagt und was nicht. Unterwürfiges, gefälliges Verhalten werden wir lange suchen. Meiner Ansicht nach zeigen Stubentiger deutlicher ihre Grenzen als etwa Hunde. Ihre Kommunikation ist direkt und ohne Umschweife.

Stubentiger sind authentisch. Sie sind vollkommen sie selbst, bleiben sich treu und lassen sich nicht verbiegen. Von Kompromissen scheinen unsere Miezen wenig bis nichts zu halten. Belastende Lebenssituationen verlassen sie, wenn sich ihnen die Möglichkeit bietet. Dementsprechend wandern Katzen mit Freigang durchaus auch ab und wählen sich ihr Zuhause und ihren Menschen selbst.

Als große Tierfreundin bin ich selbstverständlich einverstanden, wenn Kinder mit anderen Tieren leben dürfen wie etwa mit Meerschweinchen. Mein Aufwachsen mit unserer bunten Tiervielfalt empfand ich als das größte Geschenk. Bereits in jungen Jahren durfte ich auch die schwierigeren Seiten der Tierhaltung kennenlernen und früh Verantwortung übernehmen.

Wenn sich eine Familie ein Kuscheltier wünscht, sind Stubentiger für Kleinkinder meist weniger gut geeignet. Zum Schutz für das Kind und die Katze. Leider werden viele Stubentiger mit der Geburt eines Kindes abgegeben. Sofern ein ausgezeichneter neuer Platz gesucht und gefunden wurde, will ich keine Einwände erheben. Wir haben einen freien Willen und dürfen entsprechend entscheiden. Dies sollte allerdings immer zum Wohle aller geschehen. Egal um welches

Tier es sich handelt, es ist immer der Erwachsene als Verantwortungsträger gefragt.

## Praxistipps bei Familienzuwachs

Da Familienzuwachs auch für unsere Miezen eine Herausforderung und somit Stress bedeuten kann, dürfen wir sie so gut wie möglich darauf vorbereiten.

Sie beginnen mit der katzengerechten Umfeldgestaltung (unter anderem sichere Ruhe- und Rückzugsmöglichkeiten).

Da die Miezen bereits im Vorfeld Ihre Stimmungen übernehmen, montieren Sie Pheromonstecker (künstliche Gesichtspheromone) zur leichten Beruhigung, und um eine Art Wohlfühlatmosphäre zu schaffen. Zudem bieten Bachblüten eine gute Möglichkeit zur inneren Harmonisierung.

Das beste Training sind andere Kleinkinder, die vor der Geburt vereinzelt mit deren Eltern zu Besuch kommen. So werden die Miezen mit den Geräuschen, den Gerüchen sowie der Unruhe vertraut.

Wenn das Baby geboren ist, bringen Sie ein Kleidungsstück des Neugeborenen aus dem Krankenhaus nach Hause, damit sich Ihr Schnurrmonster mit dem Geruch vertraut machen kann. Reichen Sie dieses gepaart mit ein paar Leckereien Ihrer Mieze, damit sie positive Assoziationen herstellen kann. Da sich viele Katzen durch fremde Gerüche rasch irritieren lassen, ist das Vertrautmachen mit dem neuen Geruch sehr wichtig. Außerdem soll es verhindern, dass die Mieze in die Versuchung kommt, die fremden Duftnoten mit ihrem eigenen stärksten Geruch – dem Harn – zu übermalen.

Ist das Baby zu Hause angekommen, darf Ihre Mieze den neuen Erdenbürger ausgiebig begutachten und beschnuppern. Beziehen Sie sie mit ein. Wenn Sie beispielsweise stillen bekommt Ihr Schnurrmonster einige Leckereien, die Lieblingsmaus geworfen oder Streicheleinheiten mit beruhigenden Worten. Einerseits, um positive Assoziationen herzustellen und andererseits, um Eifersucht vorzubeugen. Immerhin muss Sie Ihre Mieze von nun an teilen.

Bemühen Sie sich, die eingeführten Rituale im Tagesablauf so gut wie möglich beizubehalten. Wenn möglich, versuchen Sie Jagdspieleinheiten fortzusetzen. Das hilft Ihrem Vierbeiner, Stress und Spannungen abzubauen und stärkt die Bindung.

# 14. Frau und Katze – verwandte Seelen

Frauen lieben Katzen – und Katzen fühlen sich zu Frauen hingezogen. Einige Wesensmerkmale der Katze finden sich bei uns Frauen wieder.

Mit manch kätzischer Eigenheit, wie ihrem Streben nach Unabhängigkeit und Eigenständigkeit, kann zumindest ich mich rasch identifizieren.

Frauen wird oftmals ein Hang zur Neugierde nachgesagt. Eine Neigung, die wir auch bei unseren Samtpfoten finden. Jeder neu mitgebrachte Duft aus der weiten Welt wird inspiziert. Alles im Rahmen versteht sich. Denn, zu viele Veränderungen und Reize würden die innere Ruhe unserer Stubentiger ordentlich aus dem Lot bringen. Eines ist allerdings klar, in jeder Katze schlummert das wilde Tier, das gerne auf die Pirsch geht, um neue Abenteuer zu erleben. Das Tempo geben wie immer die lieben Miezen vor, immerhin wollen sie die Situation gelassen auf sich wirken lassen.

Nicht nur uns Menschen, sondern ebenso Frau und Herrn Katze hält Neugierde gesund und wach. Meiner Ansicht nach ist es ein inneres Bedürfnis, Neues zu erkunden sowie Neues zu lernen und zeugt zudem von Lebendigkeit. Lässt die Neugierde hingegen deutlich nach, könnte sich nebst einer inneren Erschöpfung auch eine Depression einschleichen. Die Seele will uns immer etwas mitteilen. Bei einer antriebslosen sowie überwiegend in sich gekehrten Samtpfote, der jede *Neu*gierde abhandengekommen ist, weint die Seele. Ähnlich wie bei uns Menschen, nur mit dem Unterschied, dass wir sie wieder zum Strahlen bringen können.

Katzen sind wie viele Damen sensible und sensitive Wesen. Ihre feinen Antennen für Stimmungen und ihr häufiges Bedürfnis nach Harmonie haben sie mit uns gemein. Samtpfoten scheinen achtsam die Welt zu betrachten. Sofern wir dies noch nicht praktizieren, dürfen wir es uns von den Miezen abschauen.

Angepasstheit im allgemeinen Sinn scheint für Frau und Herrn Katze ein Fremdwort zu sein. Unsere Vierbeiner sind und bleiben große Individualisten, oftmals mit hohem Kuschelfaktor. Eben diese Mischung lieben wir Frauen unter anderem an ihnen und vielleicht identifizieren wir uns ebenso in diesem Bereich mit unserer Mieze. Katzen wie Frauen wirken in ihren geschmeidigen Bewegungen gleichermaßen anmutig wie elegant. Die sanften weichen Gesten unserer Miezen streicheln förmlich unser ästhetisches Empfinden.

Insbesondere Frauen wenden ihren Blick immer öfter nach innen. Um unsere Selbstwahrnehmung verfeinern und kleinere Dysbalancen im Körper-Geist-Seele-System rascher ausgleichen zu können, dürfen wir ständig trainieren. Im Prinzip ist alles eine Frage unseres Bewusstseins, das allem zugrunde liegt. Nur das, was wir in unserem Bewusstsein tragen, können wir wahrnehmen und verändern. Daher können abgespaltene Anteile an versteckten Orten verbleiben, wodurch wir in unserer Entwicklung rasch »feststecken« können. Ein Beispiel sind traumatische Erfahrungen, die ins Unbewusste verbannt werden.

Für mich verfügen unsere Samtpfoten über diesen gewissen Blick nach innen. Katzen sind keineswegs vor Dysbalancen gefeit, schaffen es aber großteils immer wieder, sich in ihrer Mitte einzupendeln. Wenn auch manchmal mit recht eigenwilligen Maßnahmen oder mit der Unterstützung einer sehr persönlichen Duftnote, die uns Menschen oftmals die Nase rümpfen lässt. Da Katzen ebenso wenig wie wir im luftleeren Raum existieren, unterliegen auch sie dem Einfluss ihres Umfeldes inklusive diverser Beziehungsgeflechte.

Unsere schnurrenden Vierbeiner, egal ob körperlich oder seelisch erkrankt, strahlen für mich etwas Meditatives aus. Könnten Miezen immer, wie sie wollten, würden sie sich vermutlich wie viele Damen in Yoga üben. Frau und Herr

Katze mögen mir verzeihen, falls ich ihnen etwas andichte. Für manche Menschen mag die Katzenseele wie jene von uns Frauen zwiespältig erscheinen, weil sie einerseits innige Nähe sucht, andererseits dabei stets unabhängig bleibt.

Wie die meisten Frauen sind auch unsere Stubentiger geduldige Zuhörer. Diese antworten in ihrer charmant kätzischen Art mit einem sanften Gurren, einem zärtlich bis auffordernden »Miau«, einem wohligen Schnurren oder einem Nasenstüber.

Auch wenn ich mir selbst nur ungern den Schuh der raschen Besorgtheit überstreife, so ziehe ich diese Parallele durchaus. Es scheint, als wären wir manchmal innerlich hin- und hergerissen, zwischen dem Bedürfnis nach »Sicherheit« (meist handelt es sich ohnedies nur um Pseudosicherheiten) und der Sehnsucht nach Unabhängigkeit und Freiheit. Mit der Freiheit ist es so eine Sache. Wir wünschen sie uns und haben häufig zugleich Angst vor ihr, bewusst oder unbewusst. Wie die lieben Miezen sehnen auch wir uns oftmals nach einerseits klaren Strukturen und Regeln, wollen jedoch andererseits ausbrechen und unseren freien Willen sowie Träume ausleben. Selbst wenn dies für manche Ohren paradox klingen mag. Solange die Angst in uns überwiegt und wir ihr Platz einräumen, werden wir nicht frei sein. Angst brauchen weder wir noch unsere Miezen, sie ist ein Hemmschuh. Wie die lieben Stubentiger so mögen auch wir es vorhersehbar. Regeln und Strukturen als Orientierungshilfe vermitteln vielen von uns ein Gefühl von Sicherheit.

Viele Samtpfoten und einige Damen umrankt ein Hauch des Geheimnisvollen. Vielleicht wird die eine oder andere von uns wie Frau Katze als widerspenstig erlebt. Natürlich finden sich weitere Eigenschaften, die Frauen mit Katzen teilen oder zumindest beiden nachgesagt werden. Vieles liegt im Auge des Betrachters und ist eine Frage der Perspektive. Liebe Damen, Sie dürfen selbst entscheiden. Mit welcher Katzeneigenschaft können Sie sich identifizieren?

## Spiegelgesetze – Tor der Selbsterkenntnis

Vermutlich haben die meisten bereits davon gehört oder gelesen. Wenn nicht, so begeben wir uns hier gemeinsam auf einen spannenden Pfad, der uns in unserem Sein rasch voranbringt. Menschen und Tiere können »Botschaften« für uns haben. Bewusstes, aufmerksames Zuhören ist daher äußerst förderlich. Es ist ratsam, zwischendurch aus der schnelllebigen Zeit auszusteigen und sich gut zu zentrieren und zu erden. Auf diese Art können wir immer wieder bei uns selbst landen und wissen intuitiv, was wichtig, richtig und recht ist. Die Feinjustierung unserer Intuition bedarf der Praxis, der Übung. Mit ihr eröffnen sich neue Welten und das Leben wird um vieles leichter. Wir erhalten Antworten auf all unsere Fragen. Katzen scheinen diesen direkten Draht zu ihrem innersten Wesenskern zu besitzen und folgen diesem ohne Wenn und Aber.

Für mich persönlich steht fest, dass nicht nur Menschen, sondern auch unsere Haustiere als Spiegel dienen können.

Unsere Katzen übernehmen dort und da als eine Art Liebesdienst an uns den Part eines Spiegels und gehen in Resonanz, um uns auf wichtige Bereiche, Themen und Lebenssituationen hinzuweisen. Wer weiß, möglicherweise eröffnen sich umgekehrt unseren Samtpfoten durch uns Zugänge zu Strukturen und Realitäten, die sie sonst nicht oder anders erfahren würden. Leben ist ein ständiger Austausch sowie Lern- und Entwicklungsprozess. Ich wage zu behaupten, dass die Mehrheit von uns Menschen Herausforderungen mag und zudem, ähnlich wie Katzen, gerne Strategien entwickelt. Lassen wir uns auf die Spiegelgesetze ein und den beginnenden Prozess zu, so werden sich wie von selbst positive Wandlungen vollziehen. Indem wir die Zusammenhänge »verstehen« und uns zumindest teilweise erinnern, beginnt sich der Kreis zu schließen. Jede kleinste selbstgewählte Erfahrung in unserem Leben, jeder von uns beschrittene Weg ergibt plötzlich einen Sinn.

Ein klassisches Beispiel aus dem zwischenmenschlichen und kätzischen Bereich sind die individuellen Bedürfnisse nach Nähe und Distanz. Wir kritisieren etwa am anderen, dass er sich nicht einlässt und zu wenig Zeit mit uns verbringt. Die inneren Schmerzen machen einen sehr realen Eindruck. Vielleicht fühlen wir uns sogar zu wenig wertgeschätzt oder zurückgewiesen. Wir dürfen zuerst bei uns selbst ansetzen und damit beginnen, unsere Gefühle zu sortieren und aufzuräumen. Wir sollten begreifen, dass es nie um den anderen geht, sondern um uns selbst. Was macht es mit mir? Unser zwei- oder vierbeinige Gefährte hilft und unterstützt uns in dem Prozess der Selbsterkenntnis. Katzenhalter wissen, dass auch so manch eine Mieze Nähe nur bedingt zulässt.

Fühlen wir uns etwa von unserem »aufgedreht« wirkenden Stubentiger genervt, dürfen wir einen Blick in unser Innerstes werfen. Wie sieht es da aus? Sind wir vielleicht selbst angespannt oder nervös? Hatten wir ein unangenehmes Gespräch, das uns aus dem Lot brachte und wir sogleich in unser Unbewusstes verbannten? Sind wir womöglich sogar von uns selbst genervt? Dieser gezielte Blick nach innen lohnt sich in jedem Fall. Wie oft fragte ich mich schon: »Was hat die Katze denn heute nur?« Mittlerweile weiß ich freilich, dass das Problem großteils am anderen Ende dieser Partnerschaft liegt und ich in mir nachforschen darf. Unsere Miezen sind unsere Helfer und Wegweiser. Wir dürfen es ihnen danken.

Die lieben Samtpfoten übernehmen nicht nur häufig den Part des Spiegels, sondern gehen manchmal noch einen Schritt weiter: Sie werden für uns krank. Immer wieder stolpern wir über die Thematik, dass Katzen von uns Menschen Krankheiten übernahmen. Da ist beispielsweise die Mieze, die wie wir plötzlich an einer Hauterkrankung leidet. Allerdings ist immer Vorsicht vor Verallgemeinerung oder vorschnellen Urteilen geboten. Immerhin bringt auch jede Katze ihre eigene Geschichte mit.

Ebenso betreffen mich jene Anteile, die von unseren Freunden oder Familie kritisiert, bekämpft oder zu verändern versucht werden und mich verletzen. Auch in diesem Fall sind beispielsweise schmerzvolle Gefühle oder alte Verhaltens- und Denkmuster noch nicht überwunden. Da wesentliche Bereiche erlöst werden wollen, spiegeln sie sich im Außen wie etwa in Situationen, durch Menschen oder unsere Haustiere. Diese Prozesse schenken mir die Möglichkeit, rasch Altes an den Nagel zu hängen. Sukzessive wird der Rucksack angehäufter Belastungen leerer und leerer und wir entsprechend freier und leichter. Dies ist ebenfalls ein wichtiger wie interessanter und manchmal schmerzhafter Punkt. Die gute Nachricht ist, dass der Schmerz nicht lange anhält. Betrachten wir mit wachen Sinnen jedes kleinste Detail und lassen auf allen Ebenen unseres Seins los, verflüchtigen sich alte Wunden und werden auch nicht zu toten Stellen mutieren. Wir erleben ein befreiendes Gefühl, indem wir die unnötig gewordenen Lasten abgeben und nichts mehr im stillen, inneren Kämmerlein abstellen. Zudem wird im Zuge dieser Reinigungsprozesse viel Raum für Neues geschaffen.

Und weil Leben, Bewegung und Veränderung Weiterentwicklung bedeutet, ziehen wir unterschiedliche Katzencharaktere in unser Leben. An ihnen erkennen wir, was gerade ansteht und bewältigt werden will. Auch Stubentiger können manchmal unsanft auf uns reagieren, zum Beispiel, wenn wir zu aufdringlich, grob oder unaufmerksam sind. Unter Umständen fehlt dort und da der wertschätzende Umgang oder die liebevolle Achtsamkeit uns selbst gegenüber.

Auch wenn Verdrängungsmechanismen durchaus ihren Sinn haben können, kostet es auf längere Frist sehr viel Energie, bewusst oder meist unbewusst unterdrückte Bereiche an ihren finsteren Orten zu belassen. Teilweise wird mit tausend, angeblich wichtigen Aktivitäten, alles in Schach gehalten. Den Rest der Zeit lassen wir uns durch Medien ablenken, um uns nicht mit unserem Innersten auseinandersetzten zu müssen.

Die gute Nachricht zum Durchatmen ist, dass all jenes, das an mir von Menschen meines Umfeldes bekämpft oder kritisiert wird und mich nicht berührt oder schmerzt, deren eigene Bilder sind. Es handelt sich um die »Unzulänglichkeiten« des anderen, die auf mich projiziert werden. Ich brauche mir nicht länger den Kopf darüber zu zerbrechen und kann getrost mit einem guten Gefühl meine Reise fortsetzen. Jeder trägt sein eigenes Paket und keineswegs sollen wir jene der anderen übernehmen. Wir könnten sie einer wichtigen Lern- und Entwicklungschance berauben.

Frau und Herr Katze spiegeln uns also. Nicht jede Samtpfote, aber doch einige. Auch andere Haustiere können diesen Part übernehmen. Es ist ein Liebesakt und auf diese Art unterstützen sie uns in unseren Entwicklungs- und Bewusstseinsprozessen. Sie sind bemüht, uns mehr Leichtigkeit in unser Sein zu bringen. Aus gutem Grund meine ich immer wieder, dass wir unseren Stubentigern genauer zuhören dürfen. Sie haben uns viel zu sagen. Den Spiegelgesetzen entsprechend sind es oftmals jene Bereiche, die uns auf den ersten Blick missfallen, denen wir mehr Beachtung schenken sollten. Manchmal kann es leichter sein, von unseren Miezen anzunehmen als von anderen Menschen.

Die Devise ist also, einfach annehmen und sich vertrauensvoll einlassen. Dann wird wie von selbst viel Positives geschehen. Alles ist möglich und Wunder geschehen. Wir sind sehr machtvoll und dürfen unseren Selbstwert mehr und mehr aufrichten. Schalten wir unsere Selbstbestimmung ein. Das Leben steckt voller Freude und hält wunderbare Dinge für uns bereit. Lassen wir unsere alten verkrusteten Denk- und Verhaltensmustern hinter uns. Es liegt ganz bei uns. Wir haben einen freien Willen, den es zu erwecken gilt. Öffnen wir unsere Hände und Herzen, kommt alles auf uns zu. Zur richtigen Zeit, am richtigen Ort und in der richtigen Situation. Vertrauen wir und pflegen unsere Visionen und Träume, um sie zu leben, ohne den Bezug zum Hier und Jetzt zu verlieren. Wir dürfen die rechte Balance finden, denn das Leben ist schön.

# Tierische
# Freundschaften

Es gibt sie, diese oft seltsam bis unwirklich anmutenden Tierfreundschaften. Meistens sind sie das Ergebnis einer frühen Sozialisation und oder von Fehlprägungen in den sensiblen Phasen. Selbstredend bestätigen auch hier wieder die Ausnahmen die Regel. In den folgenden Beispielen handelt es sich allerdings um »normale« Begebenheiten.

# 15. Katzenprinzessin Lilly und das Kaninchen

Eine sehr berührende Geschichte ist jene zwischen einem kranken Zwergkaninchen und meiner Katze Lilly. Das Kaninchen wurde umständehalber von einer netten Dame abgegeben. Wie so oft suchten wir einen Platz und dann blieb es schlussendlich doch im Hause Söllner. Zu diesem Zeitpunkt wussten wir noch nicht, dass es an Knochenkrebs erkrankt war. Anscheinend fühlte Prinzessin Lilly, dass mit dem Kaninchen etwas nicht in Ordnung war. Häufig erspüren Stubentiger Erkrankungen lange bevor Diagnosen gestellt werden. Täglich kuschelte sie sich zu dem Kaninchenmädchen und verbrachte jede freie Minute bei ihr. Ein seltsames Band schien zwischen ihnen zu liegen. Meine Katzenprinzessin verhielt sich regelrecht fürsorglich. Sie wirkte besorgt um ihre kleine Freundin und beschnurrte die Kaninchendame fast ohne Unterlass. Vermutlich taten die Schwingungen des Schnurrens ihrer Freundin gut. In der Regel gibt es nichts Schöneres für Kaninchen, als durch die Gegend zu hoppeln. Als Frau Kaninchen kaum noch hoppelte, suchten wir den Tierarzt auf und erfuhren von der schweren Erkrankung. Ihr Leiden wurde beendet. Obwohl sehr traurig, fühlte ich mich zugleich tief bewegt ob dieser Verbundenheit zwischen den beiden Tieren. Lilly hatte ich seiner Zeit in einem Wiener Park mehr tot als lebendig gefunden und daher weiß ich nicht, ob sie zuvor mit Kaninchen Erfahrungen gesammelt hatte.

Auch wenn ich mein ganzes Leben mit unterschiedlichen Tieren verbringen durfte, so verblüffen sie mich doch immer wieder aufs Neue. Insbesondere Katzen werden oftmals unterschätzt in ihrer feinen Wahrnehmung. Rupert Sheldrake beschreibt einige spannende Fälle von Kaninchen und Katzen, die epileptische Anfälle ihrer Bezugspersonen im Vorfeld spüren. Dies mussten sie keineswegs erlernen. Im Grunde schlummern auch in uns Menschen all die Potentiale für sehr feine Wahrnehmungen, sie wollen einzig zum Leben erweckt und trainiert werden.

# 16. Waldemar, der aus dem Walde kam

Es waren bestimmt zwei Jahre, in denen sich der Kater im Wald neben unserem Haus herumtrieb. Wenn ich aus dem Fenster schaute und ihn sah, dachte ich: »Was für ein wunderschönes Tier!«

Langfellig wie er war, getigert, weiße Pfoten, ein wunderschöner Kopf – ein Kater, mit dem man kuscheln wollte. Von wegen! Wir hatten schon immer Katzen und in jener Zeit, in der Waldi durch den Wald streifte, hatten wir drei.

Eines Morgens saß der streunende Kater plötzlich in unserem Wohnzimmer auf der Couch, als wäre er in diesem Haus geboren worden. Wie prächtig er anzusehen war. Meine Hand kam ihm langsam näher – und schon war sie blutig gekratzt. Ein einziger Biss zeigte, was in ihm steckte. Keine Unruhe in ihm. »Selber schuld«, dachte ich und gab ihm zu fressen. Ich erklärte jedoch eindringlich, dass wenn er am nächsten Tag wiederkommen sollte, könne er bleiben.

Satt gefressen ging er gemächlich durch die Katzenklappe, die er für sich entdeckt hatte.

Waldi war also am Ort seiner Sehnsucht angekommen.

Am nächsten Tag kam er wieder. Ich lockte ihn in den Katzenkorb, um ihn vom Tierarzt kastrieren zu lassen.

Von da an begann das wahre Leben mit Waldi. Er schnurrte, er lockte, er biss und kratzte, er war dominant zu allem, was sich bewegte. Dass wir alle diese Verletzungen unbeschadet überstanden hatten, grenzte schon an ein Wunder. Es gab Nächte, in denen ich, beide Hände dick mit Heilsalbe eingecremt, im Bett saß, der Kater schnurrend neben mir und mich mit seinen unergründlichen Katzenaugen anblickte. Ich liebte ihn, wir alle liebten ihn. Die Katzen mochten ihn nicht, auch die Hunde nicht. Denn Waldi war der zum Leben erweckte Macho-Kater. Hunde jagte er besonders gerne. Selbst einen großen Schäferhund stellte er. Dieser lief eines Tages wie von Furien gejagt davon und hinterließ ein fassungsloses Herrchen. Genau das waren die Freuden Waldis. Souverän, im Stechschritt, ruhig und gelassen, ging er von dannen.

Irgendwann ließ seine Beißfreudigkeit nach, unsere Verletzungen waren nicht mehr der Rede wert. Waldi mutierte zum schnurrenden Kuscheltiger.

Viele Menschen fragen heute noch, drei Jahre nach seinem Ableben, nach ihm.

Waldi lebt in unseren Herzen weiter und wir lieben ihn noch heute so, als würde er noch am Leben sein.

Waldi war wie ein Monument, eine souveräne Katzenpersönlichkeit.

# Anhang

## Über mich – Tierpsychologin Elke Söllner: Petcoach Elke

Geboren 1966 und aufgewachsen in einem Dorf im südlichen Niederösterreich, ist mein Leben seit meiner frühesten Kindheit von einem achtsamen Zusammenleben mit Tieren geprägt. Mit einer bunten Vielfalt an Tieren (vom Hamster, Meerschweinchen über unzählige Katzen, Hunde, Ziegen, Eseln, einem Pferd bis hin zu einer auf mich fehlgeprägten Dohle, Findlingen wie Reh, Eichkätzchen und Feldhasen) aufzuwachsen, gab mir die Möglichkeit, bereits in sehr jungen Jahren das Verhalten und Wesen der unterschiedlichsten Tiere zu beobachten und mich intensiv mit den tierischen Besonderheiten auseinanderzusetzen. Seit ich mich erinnern kann, hatten es mir die sogenannten »Problemfälle« angetan. Insbesondere für verwaiste Katzen waren wir ein wahres Auffanglager. Zudem gesellten sich einige kätzische Vierbeiner ungefragt zu uns, kamen und blieben. Bereits als Kind fühlte ich mich verantwortlich für meine tierischen Freunde und kümmerte mich mit großer Hingabe um jeden einzelnen. Mein Leben verlief, liebevoll ausgedrückt, sehr bunt und mein tiefes Einfühlungsvermögen und Verstehen für die menschliche und tierische Psyche kommt nicht von ungefähr.

Das Studium der Biologie und Sonder-und Heilpädagogik schloss ich zwar nicht ab, sie wiesen aber bereits den Weg für meine spätere Arbeit mit Mensch und Tier. Einst wollte ich in die Fußstapfen meines Vorbildes Jane Goodall treten. Während des Studiums erkannte ich jedoch, dass meine Liebe, meine Achtung und mein Respekt für das Seelenwesen Tier stärker waren als all mein wissenschaftliches Denken.

Zwar absolvierte ich erfolgreich die Ausbildung zur Zertifizierten Tierpsychologin, die wahrhaft größten Lehrmeister sind und bleiben allerdings die Tiere selbst. Auch die Jahre meiner Tätigkeit im bunten Ambulanzgetriebe der Veterinärmedizinischen Universität Wien, verhalfen mir zu weiteren wichtigen Erfahrungswerten.

Mein Dank gilt auch meinen Eltern, die mir einen verantwortungsvollen wie liebevollen Umgang mit Tieren vorlebten. Ohne ihren tierischen Einsatz hätte ich kein derart umfangreiches tierisches Beobachtungsfeld erfahren.

Meine Mobile Haustier- und Verhaltensberatung mit Schwerpunkt Katzen und Hunde in Wien und Umgebung, erspart Mensch und Tier viel Stress. Wesentlich ist mir, meine Klienten so lange wie erwünscht zu begleiten, zu unterstützen und möglichst einfache sowie leicht umsetzbare Lösungen anzubieten. Neben anderen Kleinigkeiten wie Erfahrung und Fachwissen, sind meine tiefe Liebe in meinem Tun sowie meine feine Wahrnehmung wesentliche Werkzeuge und mein Kapital.

Obgleich ich alle Tiere liebe und mich als Kind die Pferde, das Reiten und meine Schäferhündin besonders auf Trab hielten, so faszinieren mich Katzen seit jeher auf spezielle Art und Weise. Ihrem Wesen fühle ich mich besonders nahe und vertraut. Es ist mir eine Herzensangelegenheit, Frau und Herrn Katze wieder zu mehr Wohlgefühl, sowie Mensch und Tier zu einem harmonischen Miteinander zu verhelfen.

# Quellen- und Literaturverzeichnis

Ader Robert: (»Psychoneuroimmunologie«): www.urmc.rochester.edu/libraries/miner/historical_services/archives/Faculty/PapersofRobertAder.cfm, (abgerufen im April 2017)

Antoine de Saint-Exupéry: »Der Kleine Prinz«; 1950, 2000 by Arche Verlag AG (S. 6–6)

Antoine de Saint-Exupéry: »Der Kleine Prinz«; 1950, 2000 by Arche Verlag AG

Enders Giulia: »Darm mit Charme«, Ullstein Verlag; 16. Auflage, 2014 (S. 37, 10–05, 133, 13–44 »Hirn-Darm-Kommunikation, Stress«, 14–48 »Serotonin«)

Exkurs Prägung: arbeitsblaetter.stangl-taller.at, (abgerufen im April 2017)

Fauna Communications Research Institute in North Carolina: Artikel »The Felid Purr: A bio-mechanical healing mechanism«, www.animalvoice.com/catpur.htm, (abgerufen im April 2017)

Fischer Gottfried: »Neue Wege aus dem Trauma«, Walter Verlag. (S. 27, 30, 31 »flash-back, Stammhirn, Erschöpfungszustand«)

Fromm Erich: »Authentisch leben«, Verlag Herder spektrum Band 4839, 5. Auflage 2000

Geelen Eva: »Magie der Katzen«, tosa Verlag, 2000 (S. 8–7), www.ntv.de/wissen/Katzenmumien-als-Duenger-verwandt-article568538.html, (abgerufen im April 2017)

Gruen Arno: »Der Verlust des MitgefühlS. Über die Politik der Gleichgültigkeit«, dtv-Verlag, 5. Auflage November 2002

Hans-Ulrich Grimm, »Katzen würden Mäuse kaufen«, Schwarzbuch Tierfutter, Wilhelm Heyne Verlag der Verlagsgruppe Random House GmbH, 7. Auflage, 2011

Immelmann Klaus, Ekkehard Pröve, Roland Sossinka: »Einführung in die Verhaltensforschung«, 4. Auflage, Blackwell Wissenschaft (S. 13–38)

Immelmann Klaus, Ekkehard Pröve, Roland Sossinka: »Einführung in die Verhaltensforschung«, 4. Auflage, Blackwell Wissenschaft, (S.126, 127 »sensible Phase«, 234)

Immelmann Klaus, Ekkehard Pröve, Roland Sossinka: »Einführung in die Verhaltensforschung«, 4. Auflage, Blackwell Wissenschaft, (S. 13–39 »Stimmungsübertragung«)

Khalil Gibran: »Der Prophet«, dtv Verlag, 4. Auflage Dezember 2002, Gedicht »Vom Schmerz« (S. 68)

Langbein Kurt: »Weißbuch Heilung – Wenn die moderne Medizin nichts mehr tun kann«, ecowin (S. 4–7)

Leyhausen Paul: »Katzen eine Verhaltenskunde«, Parey Verlag, 1979 (S. 200, 233)

Leyhausen Paul: »Katzen eine Verhaltenskunde«, Parey Verlag, 1979, (S.14–43 »Umherschauen«, 145 »cut-off«, 19–95 »Bruderschaft«, 19–93 »Geselliges Beisammensein«, 207; 248 (»Familienauflösung«)

Leyhausen Paul: »Katzen eine Verhaltenskunde«, Parey Verlag, 1979, (S.14–43 »Umherschauen«, 145 »cut-off«)

Leyhausen Paul: »Katzen eine Verhaltenskunde«, Parey Verlag, 1979, (S. 188, 189 »Rang«, 200 (»Havard-Gesetz«, 202, 20–06)

Leyhausen Paul: »Katzen eine Verhaltenskunde«, Parey Verlag, 1979, (S. 156 »kastrierte Kater und ihr Kampfverhalten«)

Leyhausen Paul: »Katzen eine Verhaltenskunde«, Parey Verlag, 1979, (S. 10–20 »Beutefangspiele«, 245 »Rattenruf«)

Leyhausen Paul: »Katzen eine Verhaltenskunde«, Parey Verlag, 1979, (S. 107 »Furcht vor der Beute«)

Leyhausen Paul: »Katzenseele. Wesen und Sozialverhalten«, Kosmos Verlag 2005 (S. 152 »Soziale Kontaktaufnahme«)

Leyhausen Paul: »Katzenseele. Wesen und Sozialverhalten«, Kosmos Verlag 2005 (S. 32, 35)

Leyhausen Paul: »Katzenseele. Wesen und Sozialverhalten«, Kosmos Verlag 2005 (S. 74, 8–5, 89, 90)

Leyhausen Paul: »Katzenseele. Wesen und Sozialverhalten«, Kosmos Verlag 2005 (S. 56 »Rang und Revier«, 152 »Bruderschaft«, 165 »Katerkampf)

Leyhausen Paul: »Katzenseele. Wesen und Sozialverhalten«, Kosmos Verlag 2005 (S. 165 »Katerkampf)

Mohr, Bärbel, »Neue Dimensionen der Heilung«, Allegria Verlag, 2. Auflage 2007, (S. 57, 61)

Schroll Sabine, Joel Dehasse: »Verhaltensmedizin bei der Katze. Leitsymptome, Diagnostik, Therapie und Prävention«, Enke Verlag (S. 96)

Schroll Sabine, Joel Dehasse: »Verhaltensmedizin bei der Katze. Leitsymptome, Diagnostik, Therapie und Prävention«, Enke Verlag, (S.182, 19–95)

Sheldrake Rupert: »Der siebte Sinn der Tiere«, Ullstein Verlag, 3. Auflage 2003.

Sheldrake Rupert: »Der siebte Sinn der Tiere«, Ullstein Verlag, 3. Auflage 2003 (S.10–09,147)

Sheldrake Rupert: »Der siebte Sinn der Tiere«, Ullstein Verlag, 3. Auflage 2003 (S. 353)

Spiegelgesetze: www.ich-bin-bewusstsein.de/wissenswertes/spiegel-gesetze, (abgerufen im August 2016)

Tony Stubbs, »Handbuch für den Aufstieg«, Edition Sternenprinz im Hans-Nietsch- Verlag, 2008, (S.3–0)

www.aegypten-geschichte-kultur.de/katze, (abgerufen im April 2017)

www.br.de/themen/wissen/katze-haustier-erfolgsgeschichte100.html, (abgerufen im April 2017)

www.home.arcor.de/th.laufer/index_data/scriptkatze_m_wanner2004.pdf, (abgerufen im August 2016) (S.4–5)

www.lumpi4.de/wolf-evolution-ernaehrung-hunden-veraendert-15471512, (abgerufen im April 2017)

www.nature.com/nature/journal/vaop/ncurrent/full/nature11837.html, (abgerufen im August 2016)

www.psychologielexikon.com/968-stress, (abgerufen im April 2017)

www.wolfacademy.de/alles-hund-geschichten-und-mehr/kind-und-hund, (Reinhold Bergler, abgerufen im April 2017)

Young Alan: »Das ist Geistheilung«, esotera Taschenbuch im Verlag Hermann Bauer, 1. Auflage 1993, (S.78)

Ziegler Jutta, Dr. med. vet.: »Hunde würden länger leben, wenn… Totgeimpft, Fehlernährt, Medikamentenvergiftet. Ein Insider packt aus«, Schwarzbuch Tierarzt. Mvgverlag, 4. Auflage 2012

Ziegler Jutta, Dr.med.vet.: »Hunde würden länger leben, wenn... Totgeimpft, Fehlernährt, Medikamentenvergiftet. Ein Insider packt aus.« Schwarzbuch Tierarzt. Mvgverlag, 4. Auflage 2012 (S. 101 »Serotonin), 10–05 »Darm«)

Ziegler Jutta, Dr.med.vet.: »Hunde würden länger leben, wenn... Totgeimpft, Fehlernährt, Medikamentenvergiftet. Ein Insider packt aus«, Schwarzbuch Tierarzt. Mvgverlag, 4. Auflage 2012 (S. 37, 10–05)

Ziegler Jutta, Dr.med.vet.: »Hunde würden länger leben, wenn... Totgeimpft, Fehlernährt, Medikamentenvergiftet. Ein Insider packt aus«, Schwarzbuch Tierarzt. Mvgverlag, 4. Auflage 2012, (S. 2–8, 3–7, 16–63)